Cómo instalar y diseñar paneles solares como un profesional

Ahorre miles haciéndolo usted mismo.

Potencia todos tus proyectos con el poder del sol.

Phillip Westinghouse

está expresada o implícita. Los lectores reconocen que el autor no participa en la prestación de asesoramiento legal, financiero, médico o profesional. El contenido de este libro ha sido derivado de varias fuentes. Consulte a un profesional con licencia antes de intentar cualquier técnica descrita en este libro.

Al leer este documento, el lector acepta que bajo ninguna circunstancia el autor es responsable de cualquier pérdida, directa o indirecta, en que se incurra como resultado del uso de la información contenida en este documento, incluidos, entre otros, omisiones, o inexactitudes.

Dedicatorio

Para mis lectores... No hay suspenso en este libro.

TABLA DE CONTENIDO

En un sistema fotovoltaico de techo montado cerca del piso del techo, la temperatura del módulo puede alcanzar aproximadamente el 150% de la temperatura ambiente, mientras que en un sistema adecuadamente ventilado, como un módulo montado en poste, el aumento de temperatura estará en el rango de 120%.   121

El panel solar convierte la luz solar en electricidad como corriente continua (CC). Estos paneles se clasifican típicamente en monocristalino cristalino cristalino. Mono cristalino es más costoso y más eficiente que los paneles policristalinos. 165

Los paneles solares generalmente se clasifican bajo condiciones de prueba estándar (STC): irradiancia de 1,000 W / m², espectro solar de AM 1.5 y temperatura del módulo a 25 ° C. 165

Dado que nuestro sistema tiene una capacidad nominal de 12 V, el controlador de carga también es de 12 V. 168

Clasificación de corriente = Salida de potencia de los paneles / Voltaje = 125 W / 12V = 10.4 A 168

Así que elija un controlador de carga de 12 V y más de 10.4 A. 168

Los inversores de onda cuadrada son los más baratos pero no adecuados para todos los aparatos. La salida de onda sinusoidal modificada tampoco es adecuada para ciertos aparatos, en particular aquellos con dispositivos capacitivos y electromagnéticos, como: un refrigerador, un horno de microondas y la mayoría de los motores. Los inversores de onda sinusoidal modificados normalmente funcionan con menos eficiencia que los inversores de onda sinusoidal pura. 170

Así que en mi opinión, elija un inversor de onda sinusoidal pura. 170

Puede ser un empate de rejilla o estar solo. En nuestro caso, obviamente es independiente y completamente fuera de la red. 170

Clasificación del inversor: 170

La función de un controlador variado es regular la carga que ingresa al banco de baterías desde el panel de paneles solares y evitar la sobrecarga y el flujo de corriente inversa durante la noche.   287

Lo hace utilizando un transistor para derivar el circuito de carga fotovoltaica. Esto significa que, si su batería está llena, detiene la carga y si su batería está llegando a un punto de descarga poco saludable, detiene la descarga.   287

Al utilizar un controlador de carga pv, minimiza el uso de la energía de la red pública y maximiza las posibilidades de que sus baterías y otros componentes fotovoltaicos duren más, lo que aumenta la vida útil y la eficiencia de todo su sistema solar.   287

Los controladores de carga solar más sofisticados aseguran que la batería se cargue utilizando la modulación de ancho de pulso (PWM) o el seguimiento del punto de máxima potencia (MPPT).   287

Al ingresar las configuraciones predeterminadas de corte de alto y bajo voltaje, puede ayudar a mantener sus baterías saludables y eficientes, automáticamente.   287

MPPT significa Seguimiento del punto de máxima potencia y se utiliza un controlador de carga MPPT en el caso muy común en el que la tensión de sus paneles solares es mayor que la tensión del banco de baterías.   290

Este es el caso con los ejemplos de diagramas de disposición solar que utilizamos en nuestra sección de Diagramas de cableado del panel solar, así que preste atención a esto si decide copiar cualquiera de esos arreglos. Los controladores de carga MPPT también funcionan muy bien con sistemas que tienen paneles con niveles de voltaje impares, por ejemplo: 56V.   290

Cuando un controlador de carga solar MPPT nota una diferencia en el voltaje, convertirá automática y eficientemente el voltaje más alto en el voltaje más bajo, de modo que sus paneles, el banco de baterías y el controlador de carga fotovoltaica puedan tener el mismo voltaje.   290

Por lo tanto, si tenía un panel solar de 900 vatios con 48 voltios y el voltaje de su banco de baterías era de 24 voltios ..   290

... puede determinar los amperios que debe tener su controlador de carga FV dividiendo los vatios por el más bajo de los dos voltios.   291

Vatios / voltios = amperios   291

Entonces 900W / 24V = 37.5 amperios   291

Además, todavía tiene que agregar un 25% adicional para aumentos inesperados de corriente debido a factores como el reflejo de la luz .. y obtiene 46.87 amperios.   291

Por lo tanto, necesitará un controlador de carga de 24 voltios y 50 amperios MPPT (redondeado hacia arriba). Obtenga más información sobre el tamaño del controlador de carga MPPT.8.9.4 Controlador de carga fotovoltaica - Límite de tensión superior

RESUMEN

En el clima actual de aumento de las necesidades energéticas y de los problemas ambientales en aumento, aplicaciones alternativas de no renovación Se deben buscar combustibles fósiles capaces y contaminados. Una de estas alternativas es la energía solar. La energía solar es simplemente energía que es producida directamente por el sol y recolectada en otros lugares, generalmente la tierra. El sol crea energía a través de un proceso termonuclear que convierte aproximadamente 650 millones de toneladas de hidrógeno por helio por segundo. El proceso genera calor y radiación electromagnética. El calor permanece en el sol y ayuda a mantener la reacción termonuclear.

La radiación electromagnética (incluida la luz visible, la luz infrarroja y la radiación ultravioleta) llega al espacio en todas las direcciones. La radiación que llega a la Tierra es una fuente indirecta de casi todos los tipos de energía que se utilizan hoy en día. En el pasado, vivían plantas y animales cuya vida dependía del sol. Gran parte de la energía que se necesita en el mundo puede ser suministrada directamente por la energía solar. Se puede proporcionar de forma más indirecta.

Además, también se aplicará energía solar. Debido a la naturaleza de la energía solar, los dos componentes requieren un generador solar funcional. El colector recolecta fácilmente la radiación que cae sobre él y la transforma en otras formas de energía (electricidad y calor o calor solamente). La unidad de almacenamiento es necesaria debido a la naturaleza no constante de la energía solar; a veces recibes solo una cantidad muy pequeña de radiación.

Por ejemplo, en la noche o en nubes pesadas, la cantidad de energía recolectada por un colector es bastante baja. La unidad de almacenamiento puede absorber el exceso de energía producida en tiempos de máxima productividad y dejar que disminuya la productividad. En la práctica, normalmente se agrega una fuente de energía en caso de peligro en situaciones donde la energía requerida es mayor que la cantidad producida y la cantidad almacenada en el contenedor. Los métodos de recolección y almacenamiento de energía solar dependen del uso planificado de un generador solar.

En general, hay tres tipos de colectores y muchas formas de unidades de almacén. Tres tipos de colectores son los colectores de panel plano, los colectores de enfoque y los colectores pasivos. Los colectores de paneles de hoy son los colectores más utilizados. Estas son matrices de placas solares colocadas en un plano simple. Pueden ser de casi cualquier tamaño y tienen una salida que está directamente relacionada con algunas variables, por ejemplo, tamaño, orientación y pureza. Todas estas variables influyen en la cantidad de radiación que cae al colector. A menudo, estas placas colectoras tienen máquinas automatizadas que las sostienen en dirección al sol. La energía extra que toma como resultado de la corrección del revestimiento compensa la energía más que suficiente para controlar la máquina adicional.

1 INTRODUCCIÓN AL PANEL SOLAR

El sol siempre ha fascinado a la gente. Las civilizaciones antiguas encarnaban el sol y lo adoraban como un dios o diosa. A lo largo de la historia, los esfuerzos de la agricultura se basan en la radiación solar para nutrir y mantener los cultivos. Sin embargo, solo recientemente hemos desarrollado la capacidad de explotar el increíble poder del sol. Las tecnologías obtenidas tienen consecuencias prometedoras para el futuro de las fuentes de energía renovables y la sostenibilidad. La conversión de energía directamente de la luz solar en electricidad es lo que se denomina energía solar, ya sea con el uso de energía fotovoltaica (PV), energía solar concentrada o ambos. El sistema de energía concentrada utiliza lentes y un sistema de seguimiento para dirigir la luz solar a un rayo pequeño, mientras que la energía fotovoltaica es el proceso de conversión de la luz solar en electricidad. La principal fuente de energía en la tierra es el sol, que se puede convertir en electricidad mediante paneles solares. No emite dióxido de carbono, lo que significa que es una excelente manera de reducir el carbono. Un sistema solar típico en el hogar puede ahorrar hasta 3000 kilogramos de CO_2 por año, lo que equivale a unas 30 toneladas durante su vida útil. Estas tecnologías puramente verdes están en el corazón de la próxima revolución industrial. El uso de la energía solar reduce significativamente los costos de electricidad, que es una de las razones más comunes para elegir la energía solar. El gobierno federal ofrece incentivos para que la energía solar compense los costos iniciales de un sistema solar. La Ley de política energética de 2005 ofrece dos opciones para obtener un crédito fiscal federal para la energía solar. Las reducciones en la energía solar también proporcionan más del 50% de los estados de los Estados Unidos. El sol proporciona un promedio de 164 vatios de energía solar por metro cuadrado sobre la corteza terrestre. Si tenemos suficientes paneles solares en el desierto del Sahara para cubrir el uno por ciento, podríamos tener suficiente electricidad para producir la energía de todo el planeta. Esta abundancia de energía solar significa que hay más de lo que necesitamos. Sin embargo, dado que la energía emitida por el sol es una mezcla de luz y calor, no podemos utilizarla cuando conducimos un automóvil o una computadora directamente. La energía del sol para transformarlos en formas que podamos utilizar, como la electricidad. Esta es la razón por la cual el panel solar fue inventado. Cualquier electricidad adicional generada por sus paneles solares cuando se conecte a la red eléctrica será pagada por la empresa de servicios públicos. La generación de electricidad es buena para la generación de energía de una planta de energía solar y permite a las empresas de servicios públicos comprar energía excedente de los propietarios. La opción más utilizada es un contador único reversible. Dado que un sistema solar genera electricidad, los kilovatios se utilizan inicialmente para cubrir la demanda de energía en el sitio. El exceso de electricidad se alimenta a la red y asegura el medidor de electricidad en lugar de almacenarse en una batería. Al final de cada período de medición, se acreditan kilovatios adicionales al propietario de la casa.

Explicación de KW y kWh: comprender y convertir entre potencia y energía. Recuperar de: https://www.energylens.com/articles/kw-and-kwh

1.1 ¿Cómo se produce la energía solar?

Para generar energía solar, necesita un módulo solar que consiste en una o más células solares. Cuando la luz del sol cae sobre una célula solar, absorbe partículas de luz llamadas fotones. Cada fotón contiene energía y libera un electrón en el material de la célula solar después de la absorción. El cableado eléctrico en ambos lados de la celda permite que la corriente fluya cuando se absorbe el fotón. Con este método, la célula solar genera electricidad que puede usarse inmediatamente o almacenarse en una batería para su uso posterior.

Los paneles solares consisten en células solares. Una sola célula solar no puede generar suficiente energía para la mayoría de los propósitos. Por lo tanto, se montan diferentes módulos en paneles solares, ya que juntos generan más electricidad. Los paneles solares están disponibles en muchas formas y tamaños, de los cuales, por lo general, hasta 50 W generan electricidad y consisten en celdas solares de silicio. Los paneles solares interconectados producen aún más electricidad. Un colector solar es una forma plana rectangular bastante grande, generalmente ubicada entre las dimensiones de un radiador y una puerta. Los colectores de energía, que se llaman células solares, generalmente tienen 8 lados y un color azul-negro, del tamaño de su palma. Al igual que las células en una batería, estas células generan electricidad. Sin embargo, estas células utilizan la luz solar en lugar de productos químicos para generar electricidad.

Es posible que desee saber cómo la energía solar se convierte en electricidad. Cuando el sol brilla sobre la célula solar, los fotones (partículas de luz) estallan en la superficie de la célula. Cada partícula de luz pasa su energía a través de la célula. Los fotones luego copian su energía a los electrones en la capa inferior de la célula. Los electrones utilizan esta energía para ingresar al circuito al saltar el obstáculo hacia la capa superior. El movimiento de estos electrones genera luces y dispositivos a través del circuito.

Las células fotovoltaicas producen electricidad a partir de la luz solar, pero hay otras formas de producir energía solar. También puede obtener paneles solares térmicos que calientan el agua en lugar de la electricidad. Los paneles solares térmicos funcionan de manera diferente a los paneles fotovoltaicos y no requieren electricidad. Aunque los paneles solares son similares a los paneles solares, el vidrio negro puede absorber la energía solar en lugar de las partículas de luz atrapadas por las células solares. El agua caliente se genera a medida que el agua pasa a través de los colectores solares, se calienta y luego ingresa al sistema de agua y, por supuesto, los grifos como agua caliente.

Es increíble creer que el día transcurrido dentro de una hora ha sido el poder del mundo durante más de un año. Cuando diseñas un edificio para utilizar la luz solar y el calor, se utiliza energía solar pasiva. Esto se puede lograr aislando aún más el techo o utilizando una ventana más al sur. Estas configuraciones "pasivas" se instalan en el primer diseño de la casa o en remodelaciones importantes. La adición de células solares u otras células solares se llama energía solar activa.

Cualquier fuente de iluminación que afecte al panel solar puede convertirse en energía solar, lo que significa que aún pueden generar energía en días grises. Puedes obtener la represión, por ejemplo, de noche de dos maneras. Uno de estos es conectarse regularmente a la red, lo que se puede garantizar si el panel solar no funciona después de oscurecer. Otra opción es almacenar electricidad adicional de las células solares y luego alimentar los accesorios y las luces en la oscuridad.

Construya su propio sistema de paneles solares. Recupere de: https://latestsolarnews.com/build-your-own-solar-panel-system/

1.3 Importancia de la energía solar

En este entorno de calentamiento global y reducción de petróleo, es importante. Retornar nuestra conciencia de las fuentes naturales y renovables. Los sistemas de energía solar se han convertido en la fuente más popular de fuentes de energía renovables porque no se propagan ni producen contaminantes. Los paneles fotovoltaicos adecuados, conectados permanentemente a la red, son la forma más común de modificar la energía solar. **Cualquier electricidad adicional**producida por el sistema solar se introduce en la red. De esta manera, la casa pagará la electricidad adicional que genera y también puede obtener electricidad por la noche.

Los balances de agua pueden reducirse entre un 50 y un 70% utilizando el sistema de paneles solares de orden superior. Aparte de las ventajas obvias de la energía solar para el medio ambiente, tiene sentido financiero. Al integrar paneles solares, puedes ahorrar más. Los costos de instalación del sistema de energía solar son altos, aunque hay varios recursos financieros disponibles para financiar la tecnología solar. Es más conveniente construir sus propios paneles solares.

Las fuentes de combustible tradicionales demostraron ser confusas y costosas de usar, lo que llevó a un aumento en la cantidad de energía solar. Dado el calentamiento global y la contaminación, está claro que las fuentes de energía tradicionales ya no pueden sobrevivir. Las fuentes de energía renovable, por definición, son eternas, a diferencia de los combustibles fósiles. A medida que aumenta el desarrollo de tecnologías de energía renovable y aumenta el costo de los recursos energéticos aceptados, la tecnología solar se vuelve más accesible.

¿Qué son las fuentes de energía renovable? - Conservar el futuro energético. (2018). Obtenido de: https://www.conserve-energy-future.com/various-renewable-energy-sources.php

1.4 ¿Por qué deberíamos usar paneles solares en casa?

Los paneles solares se pueden utilizar para una variedad de aplicaciones, incluidos los sistemas de alimentación remota para cabinas, equipos de telecomunicaciones, sensores remotos y, por supuesto, la generación de energía a través de los sistemas de paneles solares residenciales y comerciales.

Escucho en la televisión todos los días, en los periódicos y revistas que tenemos que salvar el planeta. ¿Sabías que hay partes de este mundo que no tienen poder y ni siquiera saben que existen? Sin embargo, en otras partes del mundo, la gente lo está desperdiciando. Hay una alternativa a este problema que es la mejor hasta ahora. Esto se llama energía solar.

Todos sabemos que la electricidad ha existido desde principios de 1900, e inicialmente había poca demanda, primero porque la mayoría de la gente no los tenía en casa, en segundo lugar, era solo para bombillas. Luego vienen los calentadores, los hornos, luego los aparatos eléctricos y todo lo que funciona con electricidad. Pero hoy la demanda de electricidad es tan fuerte y debemos encontrar otras formas de hacerlo. ¿Sabías que Canadá es el mayor generador de electricidad del mundo? Creo que ahora es el momento perfecto para poner en funcionamiento estos paneles solares porque, en ese momento, casi todo funciona con electricidad, lo que nos causa problemas con nuestro planeta verde y qué mejor solución que la energía pura que se obtiene de la luz solar sin contaminar nuestro planeta y ahorrar dinero de nuestro bolsillo. Hay muchas razones por las cuales necesitamos que todos los paneles solares entreguen energía limpia, barata y renovable a nuestros hogares.

Creo que la razón principal por la que necesitamos paneles solares en el hogar es que su energía realmente se toma del sol, lo que significa que es natural y menos dañino para nuestro planeta, por lo que nuestro medio ambiente permanece limpio.

Otra razón por la que necesitamos paneles solares es que reduce su factura de electricidad. Sin embargo, esto no significa que desee ver los resultados inmediatamente. Dado que uno de los mejores módulos solares cuesta alrededor de $ 31,082.00, primero debe hacer una inversión y luego verá los resultados que ahorran dinero.

¿Por qué deberíamos usar paneles solares en casa? | Blog en EdLab, TC. (2018). Obtenido de: https://edlab.tc.columbia.edu/blog/4616-Why-should-we-use-Solar-Panels-at-home

1.5 Futuro de la energía solar

Según las previsiones de Shell, alrededor del 50% del suministro de energía provendrá de fuentes de energía sostenibles en los próximos 30 años.

Algunas grandes compañías globales como Total, General Electric y BP están participando en un importante proyecto de energía sostenible. El reciente desastre del derrame de petróleo de BP ha llamado la atención del mundo sobre la creciente demanda de fuentes alternativas de energía y el aumento del interés público en la energía solar y otras fuentes de energía renovable. Los efectos devastadores del derrame han llevado a una importante reorganización de las prioridades de inversión y las campañas de comercialización de energía en los EE. UU. Se centran mucho más en las fuentes de energía sostenibles.

Estados Unidos es, con mucho, el mayor consumidor de energía del mundo. El 25% del consumo mundial de energía es utilizado por los EE. UU., Aunque solo el 5% de la población total de la tierra está constituida. Una planta solar de 100 MW en Israel alimentará a más de 200,000 personas y planea construir una planta aún más grande en el futuro: una planta de 500 MW. El sistema de energía solar más grande del mundo se encuentra en Baviera, mientras que aproximadamente la mitad de los módulos solares del mundo se utilizan en Japón. Si observamos estos hechos, podemos ver hasta dónde debería llegar América para aprovechar al máximo la energía solar.

Si cambia el uso de células solares para su hogar, los beneficios financieros tienen dos aspectos. El uso de la energía solar significa principalmente la reducción de las facturas de electricidad. Segundo, si se mantiene conectado a la red, tiene la opción de vender el excedente de electricidad a la empresa de servicios públicos. Los costos de instalación siguen siendo muy altos, por lo que el sistema solar doméstico típico tiene que pagar aproximadamente 18 meses. Sin embargo, producir sus propios módulos solares es una opción más barata.

Muchas más personas ahora construyen sus propios módulos solares que nunca antes. Como los costos de instalación del sistema solar siguen siendo muy altos, la Guía para hacerlo usted mismo es cada vez más popular. Y el proceso es más fácil de lo que piensas. Hágalo usted mismo Los módulos solares pueden ser seguros y muy eficaces si se crean e instalan con una buena orientación. Al crear su propio panel solar, el costo de la instalación inicial se reduce ciertamente, por lo que los ahorros a largo plazo son aún mayores.

1.6 Ventajas del panel solarpanel

Un panel solar es un dispositivo que se utiliza para absorber la energía del sol para generar electricidad. También se conoce como célula fotovoltaica, ya que consta de muchas células utilizadas para convertir la luz solar en electricidad. La única materia prima para paneles solares es el sol. Esto se hace de una manera que las células se enfrentan al sol para permitir la máxima absorción de los rayos solares. Cuanto más poder produce el sol, más poder genera. Los paneles solares se utilizan en muchos hogares, empresas, escuelas, etc. en el mundo debido a sus muchas ventajas. Algunas de las ventajas se explican a continuación:

- Una ventaja importante del uso de paneles solares es que no liberan ningún gas que sea común en los invernaderos. Los paneles no liberan humo, productos químicos o metales pesados que pueden ser un peligro para la salud humana. Los paneles solares son, por lo tanto, amigables con el medio ambiente en comparación con la quema de combustibles fósiles para generar energía. Esto es muy importante porque las emisiones de carbono son peligrosas y su prevención ayuda a proteger nuestro entorno actual y futuro. Ser **respetuoso con el medio ambiente** es importante ya que el gobierno está buscando constantemente formas de controlar el calentamiento global y el uso de paneles solares es una excelente manera de comenzar. Por lo tanto, los paneles solares se mantendrán limpios y dejarán el aire fresco. Por encima de todo, ayudan a prevenir muchos incidentes de cáncer. Se debe a que algunos productos de algunas fuentes de energía como la energía nuclear causan cáncer debido al inicio de mutaciones en las células.

- En segundo lugar, el uso de paneles solares garantiza que los usuarios continúen recibiendo energía gratuita. Esto se debe principalmente a que solo se incurre en los costos de instalación. Una vez que se completa la instalación, la energía se libera porque el panel no requiere mantenimiento regular ni combustible para usarlo. Tampoco necesita materias primas para su funcionamiento. Funciona cuando hay rayos de sol que son comunes en la mayoría de las partes del mundo. En un mundo donde hay una búsqueda constante de una distribución uniforme de los recursos, esto es muy importante porque cada individuo tiene los mismos derechos para el uso de la energía solar. Esto se debe a que la energía del sol cae sobre todos. Esta es una buena manera de preservar la equidad en comparación con la energía fósil, que en muchos casos no puede costear viviendas para personas de bajos ingresos.

- La ventaja también es que el uso de células solares permite la descentralización de la energía. Esto es muy importante porque es muy barato. Esto se debe principalmente a que si la energía no está descentralizada, tiene que ser compartida por todos y, por lo tanto, debe ser transportada a muchas áreas. Hay muchos costos. Éstos incluyen; El desgaste de los vehículos, la contaminación del aire entre otros. Estos costos están todos incluidos en la factura de electricidad de la gente porque el gobierno no paga los costos. Por lo tanto, es más ventajoso usar paneles solares como un plan de ahorro y crear un sentido de imparcialidad, ya que los gobernantes usualmente usan sus posiciones para oscurecer el dinero.

- Los paneles solares crean trabajos. Esto es muy importante porque hoy la tasa de desempleo en el mundo es muy alta. Estos trabajos se implementan en forma de: la producción de células solares, la búsqueda de mejoras adicionales, el mantenimiento, el desarrollo y la integración cultural. Gracias a la presencia constante del sol, este trabajo está garantizado, ya que este dispositivo se mejora y corrige constantemente. El trabajo como el mantenimiento y la instalación no requieren una capacitación prolongada y, por lo tanto, es más barato para aquellos que no tienen muchas habilidades y no hay desempleados.

- Un panel solar puede ser utilizado fuera del área rural. Esta es una ventaja significativa para las personas que viven en áreas muy remotas o en áreas rurales. Fuera de la red significa que la casa no está conectada a la red eléctrica pública. Esto tiene la ventaja de que es barato, ya que la instalación puede ser muy costosa para las personas que viven en áreas remotas. Estas personas a menudo tienen sus líneas eléctricas desconectadas porque a menudo son menos accesibles para muchos. Los paneles solares ofrecen una solución para esto porque requieren menos instalación. Sin embargo, los habitantes de la ciudad también pueden utilizar la técnica fuera de la red.

- El uso de la energía solar es inmune a la manipulación de precios y la política. El hecho de que no haya materias primas que solo estén controladas por monopolios garantiza que no haya manipulación de precios, como es el caso de los combustibles fósiles. Con los combustibles fósiles, los precios pueden subir tan alto como las fuerzas monopolísticas que desean. El uso de paneles solares también es menos competitivo porque los campos petroleros y otras materias primas no son un tema de discusión. Aunque el gobierno ha comenzado a abordar el problema de los paneles solares, tienen poca influencia en la manipulación de los precios. Nadie controla realmente la materia prima más importante.

- Al utilizar un panel solar, el medio ambiente se destruye menos. Esto se debe a que no hay casos de extracción de materias primas que finalmente conduzcan a la destrucción de bosques y cuencas hidrográficas. Con el uso de células solares, esto es menor y, por lo tanto, hay lluvias constantes, que aumentan la producción y, por lo tanto, el ingreso nacional de cada país en gran medida. Muchos países se enfrentan a la hambruna porque los bosques han sido destruidos para ahorrar combustible. Esto se puede prevenir mediante el uso de paneles solares.

- Cuando se usan paneles solares hay una ventaja de fiabilidad. Esto se debe a que existe la posibilidad de predecir la cantidad esperada de sol por día. Es por eso que tienes una garantía de energía. Los dispositivos también están hechos para que puedan absorber los rayos del sol, incluso si hay algunas nubes y los rayos del sol no son muy fuertes. La energía solar también es renovable. Por lo tanto, se puede utilizar una y otra vez sin que salga. Aunque la energía solar no se puede utilizar por la noche, funciona con toda su fuerza durante el día, lo cual es muy importante. La energía también se puede almacenar en forma de baterías para su uso en la noche.

- Todo el mundo ama la paz y la tranquilidad. Esto es lo que obtienes cuando usas paneles solares. Eso es porque son muy tranquilos. No hay ningún sonido que traicione que el panel solar esté presente, excepto que usted puede verlo. Esto es bueno porque hace que el ambiente sea más pacífico en comparación con los suministros de viento y agua, que tienen partes móviles que son bastante ruidosas y destruyen la tranquilidad. Por lo tanto, los paneles solares son muy adecuados para las personas que viven en hogares donde las mangueras están muy juntas. Esto se debe a que la paz se mantiene con la paz entre los vecinos.

- La instalación de paneles solares no requiere una instalación a gran escala. Por lo tanto, requieren muy poco espacio para la instalación. Esto es muy importante cuando se trata de regiones y ciudades de rápido crecimiento. La instalación consistirá principalmente en una sola celda para generar energía continuamente. Es por eso que una granja solo necesita una celda. Por lo tanto, no hay sobrecarga y un suministro persistente de alta demanda de energía. Esto lleva a una buena imagen en una comunidad, porque el lugar es menos atractivo para las multitudes, por lo que las personas no pueden ir al área porque todos quieren vivir en un lugar hermoso. Por este motivo, el uso de paneles solares no interrumpe la venta de inmuebles.

- Los paneles solares son duraderos. Esto reduce la posibilidad de ser destruido. El panel solar se puede utilizar durante mucho tiempo, sin tener que comprar otro, estimando que puede durar más de diez años. El uso de un dispositivo de este tipo es útil porque reduce el voltaje que se produce cuando la máquina está funcionando porque algo se pierde o se desgasta. Los costos de mantenimiento también se reducen porque son menos susceptibles al desgaste. Esto hace que el dispositivo, en general, sea extremadamente fácil de usar para un panel solar con baja potencia.

- Muchas empresas que invierten en energía solar se beneficiarán de mayores ganancias. La razón de esto es que reducen el precio de la electricidad y el resto de las ganancias se utilizan en la mayoría de los casos para expandir el negocio. Esto es muy útil.Las estadísticas muestran que las compañías que usan paneles solares son más altas que las que usan otras fuentes de energía. Esto puede deberse al hecho de que la electricidad puede ser muy costosa y puede llevar a que estas compañías no paguen una gran cantidad de activos

- Esto es particularmente evidente en negocios pequeños o nuevos. También existe una ventaja que los clientes obtienen cuando reciben servicios para el uso de energía limpia. Este es el hecho de que tienen acceso a incentivos nacionales disponibles para estas empresas.

- El uso de paneles solares permite a las personas y empresas disfrutar de los beneficios de impuestos bajos. Esto se debe a que en la mayor parte del mundo, los impuestos utilizados para utilizar otras fuentes de energía son aproximadamente un 30 por ciento más bajos. Todos los impuestos que debe pagar por cada artículo comprado son una excelente manera de reducir sus costos impositivos. Como no hay facturas mensuales cuando se usa el panel solar, está libre de impuestos. El uso de energía de combustibles fósiles no es una opción porque todos tienen que pagar su electricidad mensual, que en la mayoría de los casos está gravada con impuestos.

- El tamaño de los paneles solares por metro para dar la máxima energía es pequeño. Cuando hace sol, puedes obtener mil vatios por metro. Son unas 2900 horas al día. Pero depende de la región en la que se encuentre, la época del año y la fuerza con la que la radiación solar llegue al panel solar. Por esta razón, hay ocasiones en que recibes más energía que otras. Sin embargo, la energía da el efecto deseado incluso a baja intensidad y, por lo tanto, sigue siendo muy confiable.

- Es muy poco probable que sepa que alguien se ha lastimado al usar un panel solar. De hecho, pocas descargas eléctricas son muy comunes cuando se usan otras fuentes de electricidad. Por lo tanto, es prudente utilizar paneles solares para los seres humanos. Esto crea menos efectos de las crisis. Sin embargo, se deben realizar mediciones cuidadosas de acuerdo con las instrucciones de la persona que lleva a cabo la instalación, ya que los cables a veces se pueden dejar desnudos y pueden causar algún efecto en el toque. Esto es raro cuando el cableado se realiza correctamente. También se debe tomar precisión porque el techo puede transmitir electricidad constantemente.

- Los paneles solares no están sujetos a destrucción por condiciones ambientales severas. Por lo tanto, no se destruyen fácilmente, lo cual es importante porque el dispositivo está diseñado para absorber los rayos solares. Lo bueno de esto es que puede ser utilizado por personas que viven en lugares donde el clima es hermoso en la mayoría de los casos.

Todas estas ventajas están relacionadas con el uso de paneles solares. Los paneles solares se pueden utilizar en cualquier entorno, ya sea en escuelas, hogares o empresas.

Borgen, C. (2018). Biogas, a Renewable and Sustainable Energy Source. Retrieved from:
https://borgenproject.org/biogas-a-renewable-and-sustainable-energy-source/

1.7 Fundamentos en electricidad.

Ahora explicaremos algunos enlaces físicos básicos entre las tres cantidades físicas muy importantes de energía, fuerza y potencia. Estos enlaces se han extraído de la mecánica clásica pero en general son válidos. Comenzamos con la fuerza F, que influye en un objeto que modifica su movimiento. De acuerdo con la segunda ley de Newton, la fuerza está vinculada a traves de la aceleración de un cuerpo

F = m**a** (1.1)

Donde m es la masa del cuerpo, los caracteres en negrita indican que F y A son vectores. La unidad de fuerza es Newton (N), llamada así por Isaac Newton (1642-1727). Se define como la fuerza requerida para acelerar la masa de 1 kg a una velocidad de aceleración de 1 m / s2, por lo tanto, 1 N = 1kgm / s2.

En mecánica, la energía E, la cantidad central de este libro, se da como el producto de la fuerza por la distancia,

$$E = \int F(s)ds \quad (1.2)$$

Cuando s denota la distancia, la energía generalmente se mide en la unidad de Joule (J), llamada así por el físico inglés James Prescott Joule (1818-1889), que definió como la cantidad de energía requerida aplicando la fuerza de 1Newton a la distancia de 1 m, 1 J = 1 Nm.

Otra cantidad física importante es la potencia P, que nos indica la tasa de trabajo o, que es equivalente, la cantidad de energía consumida por unidad de tiempo. Está relacionado con la energía a través de.

$$E = \int F(t)dt \qquad (1.3)$$

Donde t denota el tiempo, la potencia generalmente se mide en vatios (W), después del ingeniero escocés James Watt (1736-1819). 1 W se define como un Joule por segundo, 1W = 1 J / sy 1 J = 1 Ws.

Como veremos más adelante, 1 J es una cantidad muy pequeña de energía en comparación con el consumo humano de energía. Por lo tanto, en los mercados de energía, como el mercado de electricidad, a menudo se usa la unidad Kilovatio hora (kWh). Se da como

$$1kWh = 1000Wh \times 3600sh = 3\ 600\ 000\ Ws.\ (1.4)$$

Por otro lado, las cantidades de energía en la física del estado sólido, la rama de la física que usaremos para explicar cómo funcionan las células solares, son muy pequeñas. Por lo tanto, utilizaremos la unidad de voltio electrónico, que es la energía que un cuerpo con una carga de una carga elemental (e = 1.602 × 1019C) gana o pierde cuando se mueve a través de una diferencia de potencial eléctrico de 1 voltio (V).

$$1\ eV = e \times 1V = 1.602 \times 10^{19}\ J.\ (1.5)$$

La electricidad es el flujo de electrones de un lugar a otro. Los electrones pueden fluir a través de cualquier material, pero lo hacen más fácilmente en unos que en otros. La facilidad con que fluye se llama resistencia. La resistencia de un material se mide en ohmios.

La materia se puede descomponer en:

- **Conductores**: los electrones fluyen fácilmente. Baja resistencia.

• **Semiconductores**: se puede hacer que un electrón fluya en ciertas circunstancias. Resistencia variable según formulación y condiciones del circuito.

• **Aislante**: los electrones fluyen con gran dificultad. Alta resistencia

Como los electrones son muy pequeños, como cuestión práctica, generalmente se miden en números muy grandes. Un Coulomb es 6.24 x 1018 electrones. Sin embargo, los electricistas están interesados principalmente en los electrones en movimiento. El flujo de electrones se llama corriente y se mide en AMPS. **Un amplificador es igual a un flujo de un coulomb por segundo** a través de un cable.

Hacer que los electrones fluyan a través de una resistencia requiere una fuerza atractiva para tirarlos. Esta fuerza, llamada Fuerza Electromotriz o FE, se mide en volts. Un Volt es la fuerza requerida para empujar 1 Amp a través de 1 Ohm de resistencia.

A medida que los electrones fluyen a través de una resistencia, realiza una cierta cantidad de trabajo. Puede ser en forma de calor o de un campo magnético o movimiento, pero hace algo. Este trabajo se llama poder, y se mide en vatios. Un vatio es igual al trabajo realizado por 1 amperio empujado por 1 voltio a través de una resistencia.

NOTA:

AMPS: es la cantidad de electricidad.

VOLTIOS: es el empuje no la cantidad

OHMS: muestra el flujo.

WATTS: es cuánto se hace.

Hay 2 fórmulas estándar que describen estas relaciones.

<u>Ley de Ohm:</u> Donde

R = Resistencia (ohmios)

E = Fuerza electromotriz (voltios)

I = Intensidad de corriente (amperios)

R = E / I

Para expresar el trabajo realizado:

Fórmula de potencia (Ley PIE):

Dónde:

P = Potencia (vatios)

I = Intensidad de corriente (amperios)

E = Fuerza electromotriz (voltios)

P = IE

Esta ley a menudo se reafirma en las unidades de medida como la Ley de Virginia Occidental:

W=VAor **Watts = Volts x Amps**

Todo esto es importante porque todos los equipos eléctricos tienen un límite en la cantidad de electricidad que puede manejar de manera segura, y debe realizar un seguimiento de la carga y las capacidades para evitar fallas, daños o un incendio..

Por ejemplo, una lámpara tiene una potencia nominal de 1000 w. @ 120 v, esto significa que a 120 voltios usará:

1000 w. / 120 v. = 8.33 a.

Un atajo común es usar 100 v en lugar de 120. Esto hace que el cálculo sea más fácil y se acumula en algunos espacios de cabeza. Asi que:

1000 w. / 100 v. = approx. 10 a.

How Do Solar Power Panels Work - Conserve Energy Future. (2018). Retrieved from:

https://www.conserve-energy-future.com/howsolarpowerpanelswork.php

2 INTRODUCCIÓN A LA ENERGÍA

SOLAR

La energía solar es la energía obtenida al capturar el calor y la luz solar. La energía solar se llama energía solar. La tecnología ha proporcionado varias formas de utilizar este recurso. La energía solar está extremadamente disponible y durante mucho tiempo se ha utilizado como una fuente de calor y corriente.

La tecnología solar se puede clasificar aproximadamente de la siguiente manera:

Solar activo: las tecnologías solares activas incluyen el uso de sistemas fotovoltaicos, energía solar concentrada y calentadores de agua solares para la generación de energía. La energía solar activa se consume directamente para actividades como secar la ropa y calentar el aire.

Solar pasivo: las técnicas solares pasivas consisten en dirigir un edificio hacia el sol, seleccionar materiales con una masa térmica favorable o propiedades favorables de dispersión de la luz, y diseñar salas en las que circula aire natural.

kW and kWh Explained - Understand & Convert Between Power and Energy. (2018). Retrieved from https://www.energylens.com/articles/kw-and-kwh

2.1 Conversión de energía solar.

La energía solar es la energía obtenida de la toma de calor y la luz del sol. El proceso de obtención de electricidad a partir de la luz solar se denomina proceso fotovoltaico. Esto se consigue mediante material semicondicional.

La otra forma de producción de energía solar son las tecnologías térmicas que ofrecen dos formas de absorción de energía.

- La primera es la concentración solar, que concentra la energía solar para la conducción de turbinas térmicas.

- El segundo método es el de los sistemas de calefacción y refrigeración que se utilizan en el calentamiento solar de agua o aire acondicionado.

El proceso de transformación de la energía solar en electricidad para utilizar su energía para las actividades diarias se explica a continuación:

- Absorción de partículas portadoras de energía en rayos solares llamados fotones.

- Conversión fotovoltaica en las células solares.

- Combinación de electricidad de muchas celdas. Este paso es necesario porque una sola celda tiene un voltaje inferior a 0.5V.

- Conversión del flujo directo resultante en una corriente CA.

kW and kWh Explained - Understand & Convert Between Power and Energy. (2018). Retrieved from https://www.energylens.com/articles/kw-and-kwh

2.3 ¿Puedo instalar paneles solares por mí mismo?

La instalación del sistema solar en los Estados Unidos aumentó año tras año y la extensión de los créditos fiscales para los propietarios de paneles solares ha hecho que las instalaciones solares crezcan en los próximos años. Comprar un sistema solar y tenerlo instalado puede ser muy costoso. ¿Es una buena idea comprar un sistema solar y tenerlo instalado de forma independiente? La respuesta es que depende de algunos factores.

¿Cuáles son tus objetivos con la energía solar? ¿Dónde vives y cuáles son las condiciones de tu hogar? Las posibilidades disponibles para que el propietario se convierta en propietario solar varían según el sitio y la empresa de servicios públicos. Otros factores, como el espacio disponible en el techo y la sombra de las condiciones, también influirán en las decisiones de la energía solar.

PPA o opciones de alquiler

El PPA y las opciones de servicio de sol son excelentes para los propietarios que desean ahorrar dinero en su factura de electricidad sin tener que gastar dinero o invertir los costos incurridos. Estas opciones permiten la instalación solar gratuita por parte del proveedor de energía solar. No siente que el propietario haya instalado los paneles y el proveedor de energía solar no permitirá un instalador independiente para este tipo de selección solar.

¿Qué es la PPA?

Un contrato para la compra de energía solar (PPA) es un contrato financiero en el que un programador puede diseñar, aprobar, financiar e instalar de manera rentable un sistema solar en la propiedad de un cliente.

Compra en efectivo o opciones de préstamo

La mayoría de los propietarios tienen la opción de comprar un sistema de paneles solares. Hay varios proveedores de energía solar que tienen diferentes tipos de paneles y diferentes tipos de acuerdos y garantías.

El propietario de una vivienda que compra directamente al fabricante e instala el sistema en persona o a través de un tercero está asumiendo el riesgo. Usted es responsable de garantizar que el sistema esté correctamente instalado y debe decidir el tipo de garantías y el servicio que desea invertir. Puede elegir tener una garantía incluida en sus paneles y monitoreo de servicios para ayudar a mantener el sistema intacto.

También necesitan obtener su permiso en toda la ciudad y hacer un acuerdo con su compañía útil para conectar el sistema a la red. Los papeles y los requisitos necesarios para poner un sistema en funcionamiento pueden ser bastante complicados y costosos. Obtener un sistema y competir requiere mucho trabajo y roles, y el propietario tiene el potencial de obtener ingresos futuros si el sistema requiere costos de trabajo y mantenimiento debido a problemas mecánicos o eventos inesperados.

Hacerlo usted mismo se ha convertido en algo más que una tendencia para muchos propietarios: es un estilo de vida. Uno de los últimos proyectos que interesan a los entusiastas del bricolaje nuevos y experimentados es convertir su conversión a la energía solar en su propio sistema. Por supuesto, este no es su proyecto típico para mejorar el fin de semana. Sin mucha planificación, investigación y habilidades especiales, esto será más costoso que comprar un servicio completo del sistema solar que hará cualquier cosa por usted.

Companies, S., Panels, S., Cost, S., Utility, Y., Calculator, S., & Installers, F. et al. (2018). Pros and Cons of Buying Solar v's Leasing Solar v's PPA agreements. Retrieved from https://www.solarreviews.com/solar-energy/pros-and-cons-of-leasing-solar-buying-ppa-agreements/

2.4 ¿Es posible construir tus propios paneles solares?

Aunque se usan instrucciones expertas, muchos módulos solares hechos en casa no resisten meses debido a la penetración de humedad en los paneles, el arco de alta temperatura o la falla total del panel.

Sin embargo, si está listo para programar el tiempo, intente construir un pequeño panel para "mojarse los pies" a medida que aprende la tecnología. También desarrollará las habilidades que necesita si desea desarrollar un sistema completo. Busque sitios web de buena reputación para obtener información e instrucciones completas. A menudo esta información no se proporciona de forma gratuita. Si decides crear tus propios paneles, considera lo siguiente:

• Los paneles solares de casa mal manejados pueden provocar un incendio en un clima cálido y soleado debido al calor excesivo

• Los sitios web como eBay a menudo se venden en la fábrica, con células solares rechazadas o dañadas. Es una receta de desastre

• Los módulos solares fabricados profesionalmente son dispositivos altamente técnicos que soportan las variaciones climáticas y de temperatura.

- Los sistemas domésticos a menudo violan las regulaciones eléctricas: es necesario conocer las regulaciones locales y cómo aplicarlas.

- Los letreros hechos en casa no pueden recibir incentivos ni descuentos.

Los paneles solares se fabrican mediante la soldadura de células solares en cadenas, uniendo estas cadenas y conectándolas a una caja de conexiones. Posteriormente, las partes activas del panel solar se sellan con una especie de respaldo impermeable y la parte frontal está provista de un sello de vidrio solar transparente o de otro tipo. Un producto impermeable transparente que es inerte y duradero. Luego se usa un marco y silicona para sellar la placa en los bordes.

Técnicamente, no es difícil producir un solo módulo solar (principalmente soldadura) o una pequeña cantidad, pero los mejores materiales como el vidrio solar y la protección solar generalmente no están disponibles para el público y la industria de la construcción. Los paneles solares con el equipo equivocado pueden ser peligrosos.

Build your own solar panels? Proceed with caution. (2018). Retrieved from http://www.solarelectricityhandbook.com/Solar-Articles/build-your-own-solar-panels.html

2.5 ¿Tienes la habilidad suficiente para construir tus propios paneles solares?

Un panel solar es una tecnología diseñada con precisión que dura décadas en las peores condiciones climáticas y temperaturas. Se fabrican bajo las condiciones ambientales más exigentes con componentes altamente especializados de acuerdo con los más altos estándares de calidad. Las celdas de vidrio solas están templadas a una cierta proporción para optimizar la penetración de la luz a variaciones extremas de temperatura.

La construcción de un panel requiere una preparación para investigar, cometer errores y adquirir experiencia con las habilidades de cableado eléctrico y técnicas de soldadura.

Companies, S., Panels, S., Cost, S., Utility, Y., Calculator, S., Installers, F., & system?, H. (2018). How to build your own solar panel system?. Retrieved from https://www.solarreviews.com/blog/how-to-build-your-own-solar-panel-system

2.6 ¿Dónde obtiene los materiales para construir sus propios paneles solares o todo el sistema solar?

Las células solares que se ofrecen en los sitios web suelen ser segundos que no han interrumpido el control de calidad. Pueden estar rotos, empañados o dañados. Debido a su vulnerabilidad, pueden romperse fácilmente durante el transporte y el uso. Algunos aficionados prefieren comprar los materiales de los equipos solares que necesitan para su proyecto. Sin el diseño del contratista, este método ahorra dinero y también reduce el costo de instalación y cableado.

Dado que el costo mayorista de los paneles solares a menudo es inferior a $ 1.00 por vatio, ahora es solo económico construir paneles solares usted mismo. Si realmente desea un proyecto para divertirse, haga un esfuerzo, pero tenga cuidado y no recomendaría usar el panel en una posición donde exista un riesgo de incendio..

Build your own solar panels? Proceed with caution. (2018). Retrieved from http://www.solarelectricityhandbook.com/Solar-Articles/build-your-own-solar-panels.html

2.7 ¿Cómo construyes tu propio sistema solar?

La mayoría de la gente dice que cuando quieren construir su propio sistema solar, quieren comprar el equipo y luego instalar su propio sistema.

Si decides crear tu propio sistema, ten cuidado. Al igual que con todos los artículos o servicios comprados, usted obtiene lo que paga. Además de buscar instrucciones confiables, debe comprar todas las herramientas, bastidores, conectores, cableado, inversores solares y otro hardware requerido. La mayoría de los usuarios que desean hacer una instalación de bricolaje compran un kit solar preconfigurado.

Aggarwal, V. (2018). Does DIY Solar Make Sense for You? Pros and Cons Explained | EnergySage. Retrieved from https://news.energysage.com/diy-solar-panels-pros-and-cons/

2.8 ¿Cuáles son los beneficios de un conjunto solar preconfigurado??

El principal beneficio de comprar un paquete solar empaquetado es que el equipo que compra debe funcionar con electricidad. Algunos paneles solares e inversores funcionan juntos de acuerdo con las especificaciones eléctricas definidas. Es esencial dimensionar los paneles solares en series apropiadas cuando se utilizan inversores de cadena, aunque esto es más fácil con micro inversores de compañías como Emphases.

A menos que quiera construir un sistema completamente nuevo, un conjunto de paneles solares puede ser menos costoso y confuso.

2018 Best Solar Panels Guide | Ultimate Reference for Comparing Solar. (2018). Retrieved from https://pickmysolar.com/best-solar-panels/

2.9 ¿Cuáles son los diferentes tipos de paneles solares?

Los kits de paneles solares generalmente se definen por el tamaño del kit de kW y la marca del panel y el inversor en el kit. Por ejemplo, un kit podría llamarse un kit Solar World de 6 kW con un inversor SMA, u otro kit podría llamarse un kit de 8 kW con módulos solares LG y optimizadores Solar Edge.

En general, todos los kits de luz solar tienen paneles solares e inversiones o inversiones en microinversores u optimizadores. Sin embargo, hay otras partes que pueden o no estar incluidas en un panel solar particular que es esencial para la instalación exitosa de este kit. Es importante que averigüe si estas partes están incluidas en la comparación de dos módulos solares diferentes o no. Esto incluye:

- Soportes y montajes para adaptarse a su tipo de techo

- Desconectar interruptores

- Cables de corriente continua

- Cajas de conexiones impermeables para desconexión de CA / CC.

- Conducto

- Panel secundario (si es necesario)

- Un plan eléctrico para ayudarte a crear tus permisos..

Various Advantages of Solar Energy - Conserve Energy Future. (2018). Retrieved from https://www.conserve-energy-future.com/advantages_solarenergy.php

2.10 ¿Hay sistemas solares más adecuados para proyectos de bricolaje?

Es por eso que los pequeños sistemas fuera de la red son buenos proyectos de mejoras para el hogar. Estos pueden ser sistemas solares fuera de la red más grandes utilizados para operar una cabaña de vacaciones o una casa pequeña, o sistemas fuera de la red más pequeños, como, por ejemplo, un sistema de energía solar para acampar, una casa móvil o un bote. Estos proyectos de paneles solares más pequeños probablemente se adapten mejor a las personas que construyen su propio sistema solar y conectan las habitaciones, especialmente a los principiantes.

Sin embargo, incluso en estos casos, el procesamiento de corriente directa plantea la instalación del sistema y los peligros peligrosos, así como riesgos persistentes de incendio o eléctricos debido a conexiones de terminación incorrectas o pérdida de energía.

Complete Off Grid Solar System Basics | Living Off the Grid. (2018). Retrieved from https://www.firemountainsolar.com/learn-more/off-grid-basics/

2.11 Instalador de paneles solares vs. paneles solares de bricolaje: ¿qué es mejor?

Los proyectos de bricolaje solar pueden desarrollar grandes habilidades si su propiedad tiene una o más dependencias o si necesita un sistema de iluminación de piso exterior. Ambos proyectos reducirán los requerimientos de energía, haciendo que la instalación sea manejable.

Para alguien que tiene poca o ninguna experiencia con los paneles solares, puede ser peligroso construir e instalar un sistema lo suficientemente potente como para alimentar su hogar. Cada estado también requiere que los instaladores profesionales estén capacitados, calificados y autorizados para instalar todos los tipos de paneles solares en el mercado.

Aggarwal, V. (2018). Solar Panel Efficiency: What Panels Are Most Efficient? | EnergySage. Retrieved from https://news.energysage.com/what-are-the-most-efficient-solar-panels-on-the-market/

2.12 ¿Cuáles son las ventajas y desventajas de los paneles solares y los sistemas solares de bricolaje?

La mayoría de los proyectos de "hágalo usted mismo" tienen ventajas y desventajas, pero los sistemas solares proporcionan corrientes de dependencia y hogar. Muy a menudo, tales proyectos reducen los costos relacionados con la seguridad.

Ventajas:

- Los planes e instrucciones son fácilmente accesibles en línea a bajo costo.
- Crear sus propios paneles solares puede ser útil para proyectos pequeños sin red.

Las desventajas:

- Puede invalidar todas las garantías de las piezas utilizando un panel o un sistema solar.

- Los créditos y descuentos fiscales federales y estatales no están disponibles para los paneles o sistemas solares domésticos.

La cantidad real de ahorro que se obtiene al construir paneles solares será despreciable en comparación con la compra.

Aggarwal, V. (2018). Does DIY Solar Make Sense for You? Pros and Cons Explained | EnergySage. Retrieved from https://news.energysage.com/diy-solar-panels-pros-and-cons/

2.13 ¿Qué incentivos pueden ayudarte a conseguir una instalación profesional?

Los sistemas solares y los costos de instalación son inversiones muy costosas y algunos de los mejores instaladores tienen décadas de experiencia práctica, algo que ninguna cantidad de investigación o instrucciones puede duplicar.

Las organizaciones de la industria, como la Junta Norteamericana de Profesionales de la Energía Certificada (NABCEP), emiten Certificaciones Profesionales de Instalación Solar PV para garantizar que los instaladores que elija estén completamente calificados.

En 2015, el Congreso de los Estados Unidos restableció el Crédito fiscal a la inversión en energía solar, una de las políticas federales más importantes que respaldan a la industria de la energía solar y a aquellos propietarios y empresas interesados en ella. El incentivo de ITC ofrece a los propietarios de viviendas un crédito fiscal de hasta el 30 por ciento del costo de la compra e instalación de un sistema de energía solar hasta 2019.

2.14 Módulos de células solares y matrices

En las series o circuitos paralelos, las células fotovoltaicas eléctricas producen más voltaje, corriente y niveles de energía. Los módulos fotovoltaicos son los componentes básicos de los sistemas fotovoltaicos que están sellados por circuitos de células fotovoltaicas con lámparas de protección ambiental. Los paneles fotovoltaicos ensamblan uno o más módulos fotovoltaicos como un dispositivo que se puede instalar en campos preconectados. El conjunto fotovoltaico es un dispositivo totalmente generador de energía que consta de varios módulos y paneles fotovoltaicos.

El elemento principal del sistema fotovoltaico son las células fotovoltaicas (PV), que son células solares. En la Figura a continuación se muestran ejemplos de células fotovoltaicas / solares de silicio monocristalino. Esta única célula fotovoltaica / solar es un cuadrado, pero sus cuatro esquinas desaparecen.

FV / Celda Solar

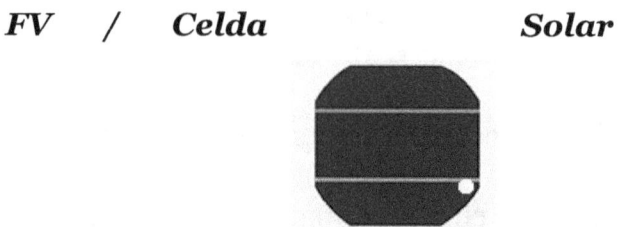

Teoría de funcionamiento de la célula solar

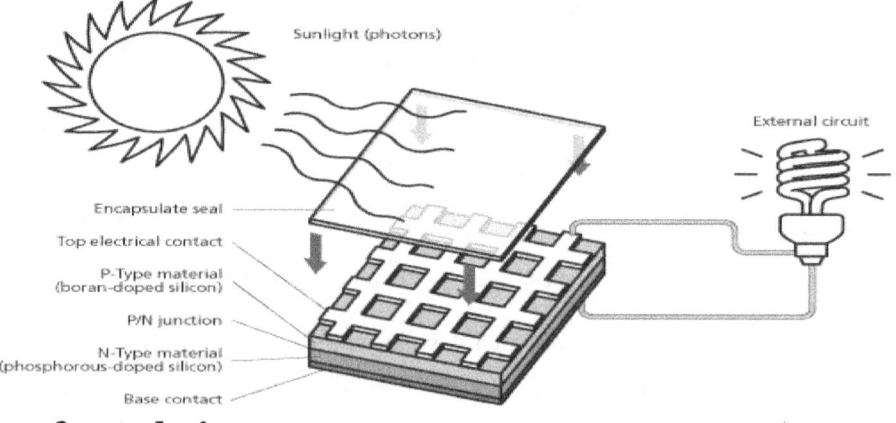

fotovoltaica.

Construcción y Funcionamiento de FV / Celda Solar.

Una célula solar / fotovoltaica es un dispositivo semiconductor que puede convertir la energía solar en corriente continua a través del "efecto fotovoltaico" (conversión de la energía solar en energía eléctrica). Cuando la luz brilla en una célula fotovoltaica / solar,

puede reflejarse, absorberse o transmitirse. Pero solo
la luz absorbida genera electricidad.

MODULO PV Y FORMACIONPV

Para aumentar su utilidad, varias células fotovoltaicas
individuales están interconectadas en un paquete
sellado y resistente a la intemperie llamado panel
(módulo). Por ejemplo, un panel de 12 V (módulo)
tendrá 36 celdas conectadas en serie y un panel de 24
V (módulo) tendrá 72 celdas fotovoltaicas conectadas
en serie

Para obtener el voltaje y la corriente deseados, los
módulos se conectan en serie y en paralelo en lo que
se denomina una matriz fotovoltaica. La flexibilidad
del sistema fotovoltaico modular permite a los
diseñadores crear sistemas de energía solar que
pueden satisfacer una amplia gama de necesidades
eléctricas. La siguiente figura muestra la célula
fotovoltaica, el panel (módulo) y la matriz.

The Difference between Solar Cell, Module & Array | Samlex Solar. (2018). Retrieved from
http://www.samlexsolar.com/learning-center/solar-cell-module-array.aspx

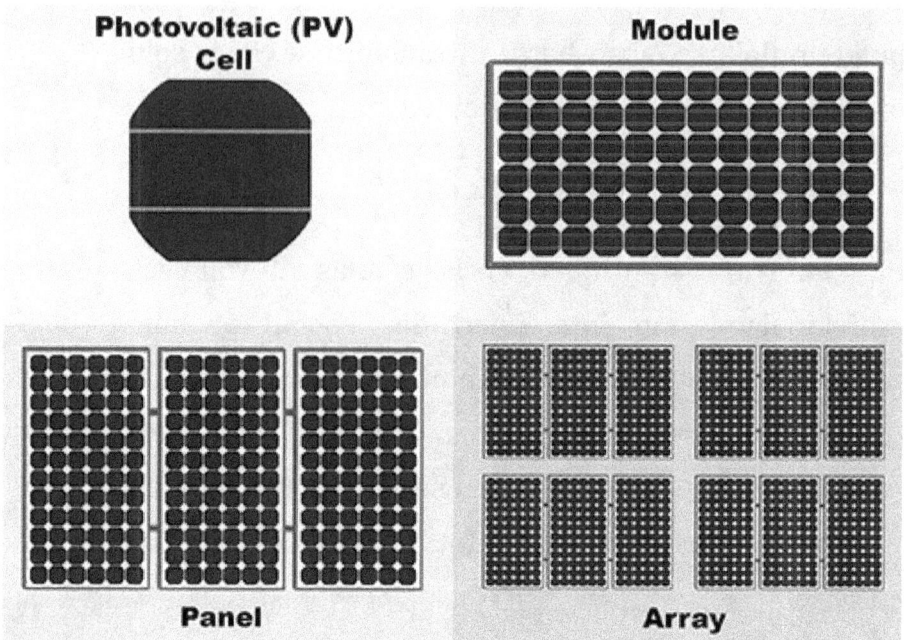

Celda fotovoltaica, módulo y formacion

Las celdas son muy finas y frágiles, por lo que se colocan entre una placa frontal transparente, generalmente de vidrio, y una lámina posterior, generalmente de vidrio o un tipo de plástico resistente. Esto los protege contra roturas e influencias climáticas. Un marco de aluminio se ajusta alrededor del módulo para permitir un fácil acoplamiento a una estructura de soporte. La figura de la figura siguiente muestra una pequeña parte de un módulo que contiene celdas. Tiene un frente de vidrio, una placa de soporte y un marco alrededor.

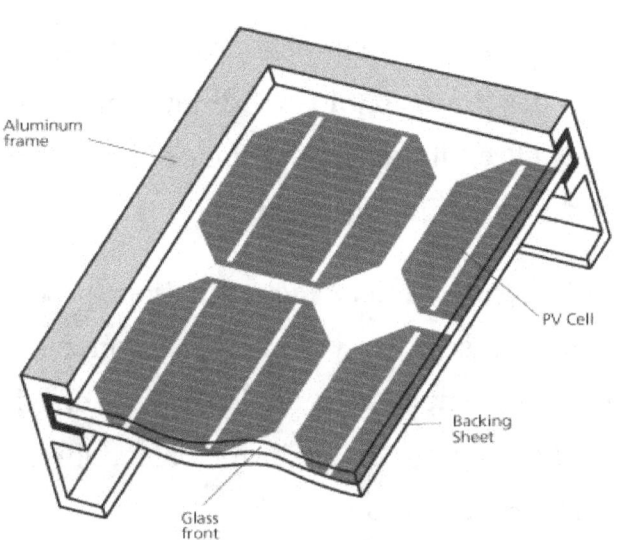

Construcción de un típico panel solar fotovoltaico monocristalino

El rendimiento de los módulos y matrices fotovoltaicas se clasifica generalmente en función de su potencia de CC máxima (vatios) en condiciones de prueba estándar (STC). Las condiciones de prueba estándar están determinadas por una temperatura de operación del módulo (celda) de 25 ° C (77 ° F) y un nivel de radiación solar incidente de 1000 W / m2 y por debajo de la distribución espectral de Air Mass 1.5. Debido a que estas condiciones no siempre son típicas de cómo funcionan los módulos y matrices FV en el campo, el rendimiento real suele ser del 85 al 90 por ciento de la clasificación STC.

Los módulos fotovoltaicos actuales son productos extremadamente seguros y confiables, con tasas de falla mínimas y tiempos de servicio proyectados de 20 a 30 años. La mayoría de los principales fabricantes ofrecen garantías de 20 o más años para mantener un alto porcentaje de la potencia nominal original. Al seleccionar módulos fotovoltaicos, busque la lista de productos (UL), las pruebas de calificación y la información de garantía en el fabricante del módulo.specifications.Solar PV Modules. (2018). Retrieved from http://www.solardirect.com/pv/pvlist/pvlist.htm

3 Sistemas solares conectados a la red, fuera de la red e híbridos

¿Cuáles son las ventajas de los paneles solares conectados a las redes? ¿Vivir en la red? Decidir si la conexión de paneles solares suele ser bastante simple: una clara ventaja de los atractivos vinculados a la red para la mayoría de los propietarios. Sin embargo, hay personas que deciden vivir fuera de la red.

¿Qué sería lo mejor en tu situación? Veamos más de cerca las ventajas y desventajas de los sistemas solares híbridos, conectados a la red, conectados a la red..

Us, A., Maehlum, M., & Mæhlum, M. (2018). Grid-Tied, Off-Grid and Hybrid Solar Systems - Energy Informative. Retrieved from http://energyinformative.org/grid-tied-off-grid-and-hybrid-solar-systems/

3.1 Sistemas solares atados a la red

Un sistema de paneles solares conectado a la red es simplemente un sistema de energía solar que está conectado a la red y, por lo tanto, utiliza la electricidad del sistema de paneles solares y la red. Como resultado, un sistema solar conectado a la red no tiene que satisfacer todas las necesidades de electricidad de la casa.

Si es necesario, la casa a veces puede usar la energía de la red (por ejemplo, en tiempo nublado o por la noche) cuando los paneles solares no producen a plena capacidad. Del mismo modo, si los paneles

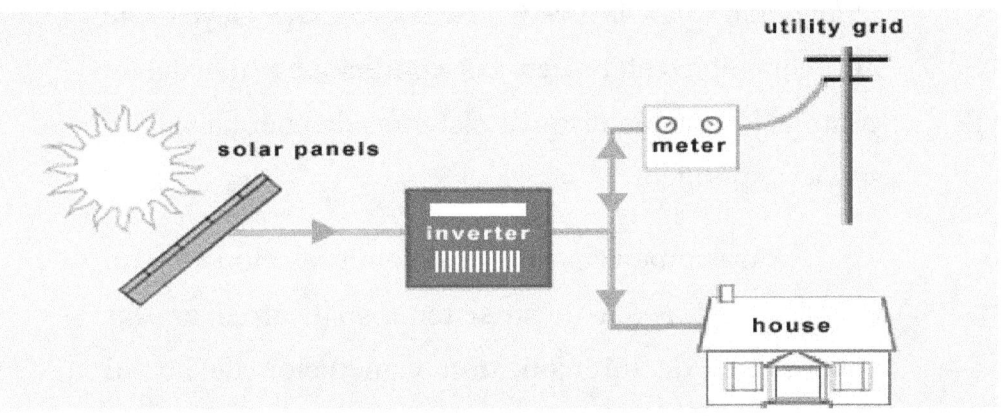

solares de una casa generan más energía de la necesaria, el excedente de energía se introducirá en la red para su uso en otros lugares.

How does a solar grid-tied system work? - RGS Energy. (2018). Retrieved from https://rgsenergy.com/how-solar-panels-work/how-does-a-solar-grid-tied-system-work/

3.1.1 Conecte su hogar a la red

La conexión de su hogar a la red de distribución requerirá la participación de su parte y del proveedor de su sistema de paneles solares.

Para empezar, su proveedor de sistema solar necesita conocer las leyes de interconexión locales.

Las leyes de interconexión son reglas y procedimientos que se aplican específicamente a situaciones en las que un sistema de energía renovable, como un sistema de energía solar, está "conectado" a la red eléctrica. Las leyes de interconexión establecen las condiciones que deben cumplir los propietarios de sistemas de energía solar y servicios públicos.

Para comenzar con un sistema relacionado con la red, el proveedor de su sistema solar archivará las aplicaciones de interconexión y medición de la red con la empresa de servicios públicos.

How does a solar grid-tied system work? - RGS Energy. (2018). Retrieved from https://rgsenergy.com/how-solar-panels-work/how-does-a-solar-grid-tied-system-work/

3.1.2 Ventajas de los sistemas conectados a la red

- Ahorra más dinero con la facturación neta

Una conexión a la red le ahorrará más dinero con los paneles solares, gracias a mejores tasas de eficiencia, facturación neta y menores costos de instalación y equipos: las baterías y otros equipos independientes son necesarios para un sistema solar completamente funcional fuera de la red, más costos y mantenimiento. Como resultado, los sistemas solares conectados a la red son generalmente más baratos y más fáciles de instalar.

Sus paneles solares a menudo generarán más electricidad de la que puede consumir. Con la facturación neta, los propietarios pueden poner este exceso de electricidad en la red en lugar de almacenarlo con baterías. La medición neta (o los sistemas de facturación en algunos países) juega un papel importante en la promoción de la energía solar. Sin esto, los sistemas solares residenciales serían mucho menos factibles desde un punto de vista financiero. Muchas empresas de servicios públicos se comprometen a comprar electricidad a los propietarios de viviendas al mismo precio que venden ellos mismos.

- La red eléctrica es una batería virtual.

La electricidad debe gastarse en tiempo real. Sin embargo, puede almacenarse temporalmente bajo otras formas de energía (por ejemplo, energía química en baterías). El almacenamiento de energía generalmente conduce a pérdidas significativas. La red eléctrica es, en muchos sentidos, también una batería, sin mantenimiento ni reemplazo, y con rendimientos mucho más altos. En otras palabras, los sistemas de baterías convencionales desperdician más electricidad (y más dinero).

Los beneficios adicionales de la red incluyen acceso a energía de respaldo en la red de distribución (si su sistema solar deja de producir electricidad por una razón u otra). Al mismo tiempo, ayuda a mitigar la carga máxima de la utilidad. Como resultado, la eficiencia de nuestro sistema eléctrico, en general, está aumentando.

What if my solar panels produce more electricity than I can use?. (2018). Retrieved from https://www.trinasolar.com/us/resources/blog/what-if-my-solar-panels-produce-more-electricity-i-can-use

3.1.3 Equipos para sistemas solares conectados a la red.

Existen algunas diferencias clave entre los equipos necesarios para los sistemas híbridos, aislados y conectados a la red. Los sistemas solares estándar conectados a la red se basan en los siguientes componentes:

- Inversor conectado a la red (GTI) o micro-inversores

- Medidor de potencia

3.1.3.(a). Inversor de red atada (IRA)

¿Cuál es el trabajo de un inversor solar? Regulan el voltaje y la corriente recibida de sus paneles solares. La corriente continua (CC) de sus paneles solares se convierte en corriente alterna (CA), que es el tipo de corriente utilizada por la mayoría de los aparatos eléctricos.

Además, los inversores conectados a la red, también conocidos como inversores interactivos o síncronos, sincronizan la fase y la frecuencia de la corriente para adaptarse a la red de distribución (nominalmente 60Hz). El voltaje de salida también es ligeramente más alto que el voltaje de la red para permitir que el exceso de electricidad vaya a la red.

Micro-inversores

Los micro inversores se colocan en la parte posterior de cada panel solar, a diferencia de un inversor central que generalmente toma todo el panel solar. Recientemente, ha habido muchas dudas sobre si los micro inversores son mejores que los inversores centrales (en una cadena).

Los micro inversores son ciertamente más caros, pero a menudo generan mayores rendimientos. Los propietarios sospechosos de tener problemas de sombreado definitivamente deben buscar micro inversores mejor en su situación.

3.1.3.(b). Medidor de potencia

La mayoría de los propietarios necesitan reemplazar su medidor de energía actual con un medidor que sea compatible con la medición neta. Este dispositivo, a menudo denominado medidor de red o bidireccional, es capaz de medir la energía que va y viene de la red a su hogar y viceversa.

Debe consultar con su empresa de servicios públicos local y ver qué opciones de facturación neta tiene. En algunos lugares, la empresa de servicios públicos publica un medidor de energía gratuito y paga el precio total de la electricidad que genera; Sin embargo, este no es siempre el caso.

Us, A., Maehlum, M., & Mæhlum, M. (2018). Grid-Tied, Off-Grid and Hybrid Solar Systems - Energy Informative. Retrieved from http://energyinformative.org/grid-tied-off-grid-and-hybrid-solar-systems/

3.2 Sistemas solares fuera de la red

Un sistema solar fuera de la red (fuera de la red, independiente) es la alternativa obvia a un sistema conectado a la red. Para los propietarios de viviendas que tienen acceso a la red, los sistemas solares fuera de la red generalmente están fuera de discusión.**Este es el por qué:**

Para garantizar un acceso continuo a la electricidad,

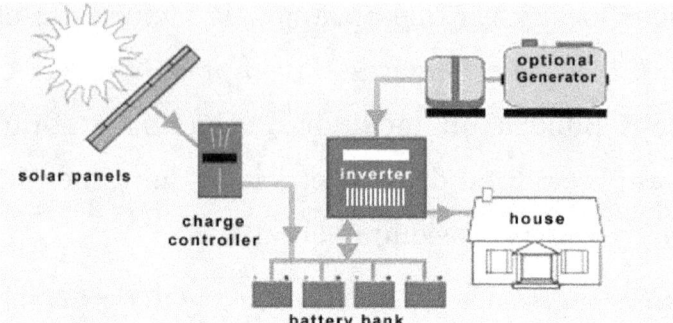

los sistemas solares fuera de la red requieren almacenamiento de batería y energía de respaldo (si vive fuera de la red). Además, un grupo de baterías debe reemplazarse generalmente después de 10 años. Las baterías son complicadas, caras y reducen la eficiencia general del sistema.

3.2.1 Ventajas de los sistemas solares fuera de la red

• No hay acceso a la red eléctrica.

Los sistemas solares fuera de la red pueden costar menos que extender las líneas eléctricas en algunas áreas remotas. Considere no estar en su lugar si está a más de 100 metros de la red. Los costos de transporte de los transportistas aéreos varían desde $ 174,000 por milla (para la construcción rural) a $ 11,000,000 por milla (para la construcción urbana).

- Conviértete en energía autosuficiente..

Vivir fuera de la red y ser autosuficiente, se siente bien. Para algunas personas, este sentimiento es más que ahorrar dinero. La autosuficiencia energética es también una forma de seguridad. Los cortes de energía en la red eléctrica no afectan los sistemas solares aislados.

Por otro lado, las baterías solo pueden almacenar una cierta cantidad de energía y, en clima nublado; La conexión a la red es el lugar donde se encuentra la seguridad. Debe instalar un generador de respaldo para prepararse para este tipo de situación.

3.2.2 Equipos para sistemas solares aislados

Los sistemas solares fuera de la red típicos requieren los siguientes componentes adicionales:

- Controlador de carga solar

- Banco de baterías

- Desconexión DC (adicional)

- Inversor fuera de la red

- Generador de respaldo (opcional)

3.2.2.(a) Controlador de carga solar

Los controladores de carga solar también se conocen como controladores de carga o simplemente reguladores de batería. El último término es probablemente el mejor para describir lo que realmente hace este dispositivo: los cargadores de baterías solares limitan el flujo de corriente a la batería y protegen las baterías de una sobrecarga.

Los buenos controladores de carga son esenciales para mantener las baterías en buen estado de salud, lo que maximiza la vida útil de un grupo de baterías. Si tiene un inversor de batería, es probable que el controlador de carga esté integrado.

3.2.2.(b) Banco de baterías

Sin una batería (o un generador), las luces se apagarán al anochecer. Un grupo de baterías es esencialmente un grupo de baterías conectadas entre sí.

3.2.2.(c) Interruptor de desconexión de CC

Se requieren desconexiones de seguridad de CA y CC para todos los sistemas solares. Para los sistemas solares sin una conexión a la red, se instala una desconexión de CC adicional entre el paquete de baterías y el UPS sin una conexión a la red. Se utiliza para cortar la corriente que fluye entre estos componentes. Esto es esencial en el mantenimiento, solución de problemas y protección contra incendios eléctricos..

3.2.2.(d) Inversor fuera de la red

No es necesario usar un inversor si solo está configurando paneles solares para su embarcación, su RV o algo más que funcione con energía continua. Necesitará un inversor para convertir CC en CA para todos los demás dispositivos eléctricos.

Los inversores fuera de la red no necesitan coincidir la fase con la onda sinusoidal en lugar de los inversores de conexión a la red. La corriente eléctrica fluye desde los paneles solares a través del controlador de carga solar y el paquete de baterías antes de que finalmente se convierta a CA por el inversor fuera de la red.

3.2.2.(e) Generador de respaldo

Se necesita mucho dinero y baterías grandes para prepararse durante varios días consecutivos sin sol (o acceso a la red). Aquí es donde entran los generadores de respaldo.

En la mayoría de los casos, instalar un generador diesel de respaldo es una mejor opción que invertir en un gran grupo de baterías que rara vez funcionan a su máximo potencial. Los generadores pueden funcionar con propano, aceite, gasolina y muchos otros tipos de combustibles.

Los generadores de reserva generalmente emiten corriente alterna, que puede enviarse a través del inversor para uso directo o convertirse en corriente continua para almacenar la batería.

Solar Systems Explained - Grid-tie Vs. Battery Backup Vs. Hybrid — Solar Electric. (2018). Retrieved from http://www.solarelectricinc.com/solar-electric-system-types/

3.3 Sistemas solares híbridos

Un sistema solar híbrido es la combinación de los mejores sistemas solares conectados a la red y fuera de la red. Estos sistemas pueden describirse como energía solar fuera de la red con energía de respaldo de la red pública, o energía solar conectada a la red con almacenamiento de batería adicional.

Si tiene un sistema solar conectado a la red conectado a la red y conduce un vehículo eléctrico, ya tiene una configuración híbrida. El vehículo eléctrico

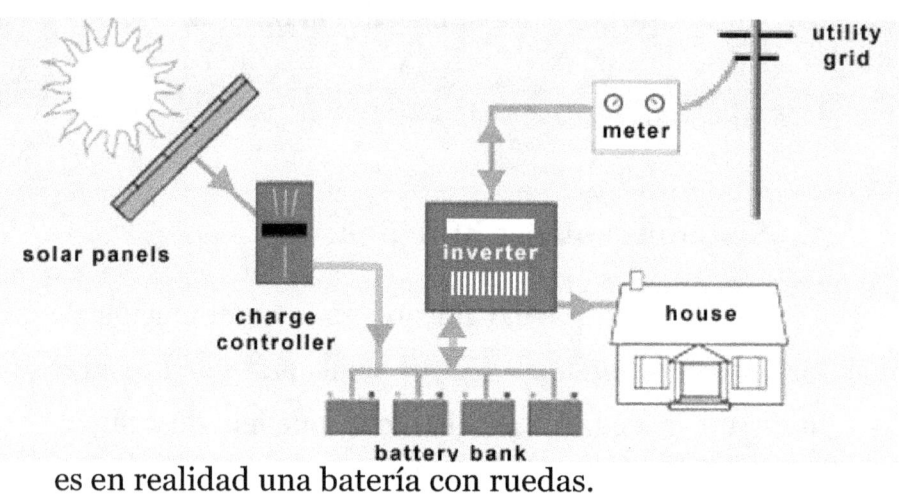

es en realidad una batería con ruedas.

3.3.1 Ventajas de los sistemas solares híbridos.

• Sistemas solares más baratos que irrelevantes.

Los sistemas solares híbridos son menos costosos que los sistemas solares fuera de la red. No necesita realmente un generador de respaldo y la capacidad de su banco de baterías puede reducirse. La electricidad fuera de las horas pico de la empresa de servicios públicos es más barata que el diesel.

● La energía solar inteligente es muy prometedora

La introducción de sistemas solares híbridos ha abierto muchas innovaciones interesantes. Los nuevos inversores permiten a los propietarios aprovechar los cambios en las tarifas de los servicios públicos a lo largo del día.

Los paneles solares producen la mayor cantidad de electricidad al mediodía, poco antes de que el precio de la electricidad aumente. Su hogar y su vehículo eléctrico pueden programarse para consumir energía durante las horas de menor actividad (o sus paneles solares).

Como resultado, puede almacenar temporalmente el exceso de electricidad de sus paneles solares en las baterías y colocarlos en la red de distribución cuando se le paga más por cada kWh.

La energía solar inteligente es muy prometedora. El concepto será cada vez más importante a medida que avancemos hacia la red inteligente en los próximos años.

3.3.2 Equipos para sistemas solares híbridos

Los sistemas solares híbridos típicos se basan en los siguientes componentes adicionales:

- Controlador de carga

- Banco de baterías

- Desconexión DC (adicional)

- Inversor de conexión a red basado en batería

- Medidor de potencia

3.3.3 Inversor Grid-Tie a base de batería

Los sistemas solares híbridos utilizan inversores conectados a la red conectados a la red. Estos dispositivos combinados pueden extraer energía desde y hacia el banco de baterías, así como sincronizarse con la red de distribución..

Solar Systems Explained - Grid-tie Vs. Battery Backup Vs. Hybrid — Solar Electric. (2018). Retrieved from http://www.solarelectricinc.com/solar-electric-system-types/

3.4 Hechos sobre la energía solar

- La energía solar es una fuente de energía totalmente gratuita y en abundancia. Aunque el sol se encuentra a 90 millones de kilómetros de la Tierra, la luz tarda menos de 10 minutos en moverse desde esa distancia. La energía solar, que forma parte del calor radiante y la luz solar, puede explotarse con tecnologías modernas como fotovoltaica, calefacción solar, fotosíntesis artificial, arquitectura solar y electricidad solar térmica.

- El ciclo del agua es un resultado importante del aislamiento solar. La tierra, los océanos y la atmósfera absorben la radiación solar y su temperatura aumenta. El aire caliente se eleva desde los océanos, causando convección. Cuando este aire alcanza grandes alturas, las nubes se crean por condensación de vapor de agua. Estas nubes causan lluvias que devuelven el agua a la superficie de la tierra, lo que completa el ciclo del agua. La energía solar también tiene otro uso. A través de la fotosíntesis, las plantas verdes convierten la energía solar en energía química que crea la biomasa que compone los combustibles fósiles.

- La horticultura y la agricultura buscan maximizar el uso de la energía solar. Estas incluyen técnicas como los ciclos de siembra y la combinación de variedades de plantas. Los invernaderos también se utilizan para convertir la luz en calor para promover el cultivo especializado durante todo el año. Los sistemas solares de agua caliente utilizan la energía solar para calentar el agua. En algunas áreas, el 60 a 70% del agua utilizada en el país para temperaturas de hasta 60 grados centígrados se puede obtener mediante calentamiento solar. Las chimeneas solares son sistemas de ventilación solar pasiva. Los pozos conectan el interior y el exterior del edificio. La operación puede mejorarse utilizando cristales y materiales de masa térmica.

- La energía solar también se puede utilizar para producir agua potable, salobre o salada. Sin usar electricidad ni químicos, las aguas residuales pueden ser tratadas. La producción de sal a partir de agua de mar es también uno de los usos más antiguos de la energía solar. La ropa se puede secar al sol usando tendederos, estantes, etc. La comida se puede cocinar, secar o pasteurizar con energía solar.

- La energía solar es el uso más emocionante de la energía solar. Así es como la energía solar se convierte en electricidad utilizando energía solar fotovoltaica (método directo) o energía solar concentrada (Indirecta). Los grandes rayos del sol se concentran en un haz pequeño utilizando espejos o lentes en el caso de la energía solar concentrada. Photo Voltaic utiliza el efecto fotoeléctrico para convertir la energía solar en energía eléctrica.
- Los procesos químicos solares reemplazan a los combustibles fósiles como fuente de energía química y ayudan a almacenar y transportar la energía solar. La fotosíntesis puede crear una variedad de combustibles. La tecnología de producción de hidrógeno es un área importante de investigación en química solar..

- Los sistemas de almacenamiento térmico pueden almacenar energía solar en forma de calor utilizando materiales comunes con alto calor específico, como piedra, tierra y agua. La energía solar también se puede almacenar en sales fundidas. La crisis del petróleo de 1970 reveló la delicada naturaleza de los combustibles fósiles como fuente de energía para el mundo. Por lo tanto, la investigación sobre tecnologías alternativas de energía renovable, como la energía solar y eólica, ha ido ganando impulso.

- La energía solar se considera el futuro de las fuentes de energía alternativas, ya que no está contaminada y ayuda a combatir el efecto invernadero en el clima global creado por el uso de combustibles fósiles. El uso común en el hogar de la energía solar proviene de paneles solares que absorben la energía solar para cocinar y calentar el agua. La energía solar no genera contaminación, no tiene ningún efecto sobre el medio ambiente y es ecológicamente aceptable.

- La energía solar es una de las fuentes de energía renovable más utilizadas. Las tecnologías de energía renovable se pueden utilizar para convertir la energía solar en electricidad. Las misiones espaciales en varios países utilizan la energía solar para impulsar su nave espacial. La energía solar es una fuente de energía muy confiable. Con los nuevos avances en investigación científica, la energía solar podría ser más asequible en el futuro, con menores costos y mayor eficiencia.

- La energía solar podría convertirse en la principal fuente de energía renovable debido a su enorme potencial y beneficios a largo plazo. La Tierra recibe aproximadamente 1,366 vatios de radiación solar directa por metro cuadrado. La estación de energía solar más grande del mundo está ubicada en el desierto de Mojave en California y cubre 1,000 hectáreas. La energía solar es el modo preferido de energía creada cuando la necesidad es temporal. Por ejemplo ferias temporales, sitios mineros, juegos olímpicos.

- La energía solar también se puede utilizar para alimentar calculadoras. Los paneles solares prácticamente no requieren mantenimiento porque las baterías no requieren agua u otro mantenimiento regular y durarán por años. Una vez que se instalan los paneles solares, no hay costos recurrentes. La energía solar puede reducir significativamente las facturas de electricidad. Además, hay muchos programas de incentivos y reembolsos fiscales diseñados para estimular el uso de la energía solar y permitir a los propietarios ahorrar dinero al mismo tiempo.

- La energía solar es sin contaminación acústica. No contiene partes móviles y no requiere combustible adicional, aparte de la luz solar, para producir energía. Un sistema de paneles solares domésticos incluye varios paneles solares, un inversor, una batería, un controlador de carga, cableado y hardware de soporte. La luz solar es absorbida por los paneles solares y convertida en electricidad por el sistema instalado. La batería almacena electricidad que puede usarse más tarde, en tiempo nublado o por la noche..

- Al confiar en la batería de respaldo, la energía solar puede incluso proporcionar electricidad 24 × 7, incluso en tiempo nublado y de noche. La energía solar se mide en kilovatios hora. 1 kilovatio = 1000 vatios. Aunque la energía solar se utiliza a gran escala; sólo proporciona una pequeña fracción del suministro de energía del mundo. La energía solar se utiliza en muchas aplicaciones, incluida la electricidad, la evaporación, la biomasa, el calentamiento de agua y los edificios e incluso para el transporte.

- Una gran inversión es una de las razones principales por las que muchas personas en el mundo no usan energía solar. La energía solar se ha utilizado durante más de 2700 años. En el 700 aC, se usaron lentes de vidrio para hacer fuego al magnificar los rayos del sol. El sol también es la principal fuente de combustibles fósiles no renovables (carbón, gas y petróleo) que comenzaron a ser plantas y animales hace millones de años. Las nubes y la contaminación evitan que los rayos del sol alcancen la tierra.

40 Facts about Solar Energy - Conserve Energy Future. (2018). Retrieved from https://www.conserve-energy-future.com/various-solar-energy-facts.php

4 Tipos de células fotovoltaicas y factores que las afectan.

Las células fotovoltaicas pueden fabricarse de varias maneras y a partir de diversos materiales. A pesar de esta diferencia, todo realiza la misma tarea de recuperar la energía solar y convertirla en electricidad útil. El material más común para la construcción de paneles solares es el silicio, que tiene propiedades semiconductoras. Varias de estas células solares son necesarias para la construcción de un panel solar y muchos paneles constituyen una red fotovoltaica..

Tres tipos de tecnologías de células fotovoltaicas dominan el mercado global:

☐ Mono silicio cristalino.

☐ Silicio policristalino

☐ Película delgada.

Las tecnologías fotovoltaicas más eficientes, como el arseniuro de galio y las células de unión múltiple, son menos comunes debido a su alto costo, pero son adecuadas para sistemas fotovoltaicos concentrados y aplicaciones espaciales. También hay una variedad de tecnologías emergentes en células fotovoltaicas, incluidas células de perovskita, células solares orgánicas, células solares sensibilizadas por colorante y puntos cuánticos.

Types of photovoltaic cells - Energy Education. (2018). Retrieved from https://energyeducation.ca/encyclopedia/Types_of_photovoltaic_cells

4.1   Silicio mono cristalino

La célula solar de silicio monocristalino consiste en un mono cristal de silicio puro. El cristal único está hecho principalmente por el método Czochralski.

Consiste en fundir silicona semiconductora de alta pureza que contiene solo unas pocas partes por millón de impurezas en un crisol a 1425 grados centígrados.

Durante este proceso de fusión, los átomos de impurezas dopantes como el boro (para semiconductores de tipo p) o el fósforo (para semiconductores de tipo n) se agregan a silicio fundido para silicio de dopaje; Para las células fotovoltaicas, el dopante preferido es el boro.

El segundo paso consiste en sumergir un vidrio de siembra montado en una barra en el silicio fundido. La semilla de cristal tiene una orientación cristalina bien definida. Luego la varilla de cristal es cuidadosamente extraída y rotada Al mismo tiempo, los gradientes de temperatura, la velocidad de tracción y la velocidad de rotación deben controlarse con precisión. Al hacerlo, obtiene la extracción de un cilindro cilíndrico grande a un cilindro y un lingote de hierro fundido. El proceso de fusión requiere una atmósfera inerte (por ejemplo, argón) y una cámara inerte (por ejemplo, cuarzo). Las desventajas del proceso de fusión convencional son las siguientes:

- Muy baja velocidad y costos intensivos de producción de energía. Adicionalmente,

- Los lingotes deben ser cortados para producir plaquetas de células solares delgadas. Este proceso requiere mucho tiempo.

- También conduce a la pérdida de material valioso. El PV hace un gran esfuerzo de I + D..

Monocrystalline silicon. (2018). Retrieved from
https://en.wikipedia.org/wiki/Monocrystalline_silicon

Módulo de silicio mono cristalino.

4.2 Silicio policristalino

El silicio multicristalino también se llama silicio policristalino o, más simplemente, poli-Si. Las células solares basadas en poli-Si son muy similares a los módulos monocristalinos. La misma teoría se aplica; La principal diferencia es el proceso de fabricación. Las células de poli-Si están hechas de Si puro fundido en un tanque cuadrado; El enfriamiento es un paso esencial porque determina el tamaño del grano y la distribución de las impurezas.

Los lingotes obtenidos se cortan en barras con una sección transversal de 15,6 cm x 15,6 cm; Finalmente, se cortan para obtener plaquetas delgadas. Este proceso de fabricación da vida a una estructura cristalina multi-grano. En comparación con el Si monocristalino, la estructura es menos ideal, lo que resulta en una pérdida de eficiencia (alrededor del 1% en comparación con el mono-Si), pero esta desventaja se supera con la reducción de los costos de las plaquetas.

Un segundo beneficio es un diseño. Los módulos celulares son generalmente rectangulares, en lugar de "pseudo-cuadrados" versusMono-Si, por lo que se pueden empaquetar muy bien en los módulos. La apariencia de poli-Si es claramente azul, como se muestra en la siguiente figura debido a la ausencia de absorción de fotones de alta energía. De hecho, estos fotones de alta energía en el espectro visible superior se reflejan retro.

(2018). Retrieved from https://wikivisually.com/wiki/Polycrystalline_silicon

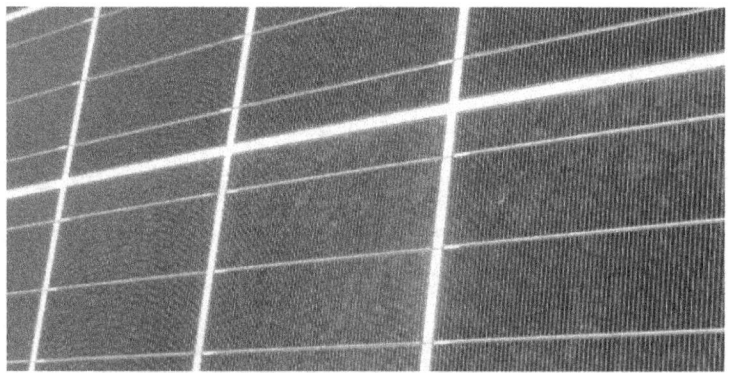

Módulo de silicio policristalino.

Módulo de silicio policristalino.

En conclusión, solo hay una pequeña diferencia al comparar el poli-Si con el mono-Si en términos de rendimiento, eficiencia y costos; Otras ventajas son a menudo también muy similares, como la vida útil y la garantía. Las características tales como la disponibilidad y la reputación del fabricante también pueden jugar un papel importante.

Después de la fabricación de la oblea de silicio policristalina tipo, son necesarios los siguientes pasos para obtener un módulo fotovoltaico que funcione:

- Tratamiento de superficie para limpiarlo de los valores predeterminados provenientes del proceso de aserrado.

- Grabado de superficies con el objetivo de crear pequeñas pirámides en la superficie para fotones superiores.

Recolección (la célula fotovoltaica es menos sensible a la orientación)

- Difusión de fósforo para crear la unión pn fotovoltaica.

- Dopaje de la parte trasera con una capa p +.

- Añadiendo una película anti-reflejo en la parte frontal.

- Conexión del contacto metálico entre la capa n y la parte superior.

- Agregar un electrodo de Al en la parte posterior y el contacto metálico posterior correspondiente(2018). Retrieved from

https://wikivisually.com/wiki/Monocrystalline_silicon

Vista esquemática en sección transversal de una célula

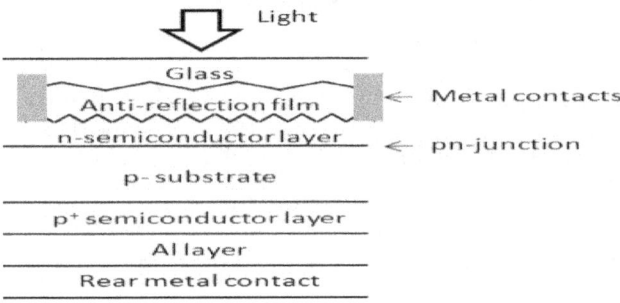

solar mono-Si

4.3 Película delgada

Aunque las células fotovoltaicas cristalinas dominan el mercado, también pueden fabricarse con películas delgadas, lo que las hace mucho más flexibles y duraderas. Un tipo de célula PV de película delgada es el silicio amorfo (a-Si) que se produce al depositar capas delgadas de silicio sobre un sustrato de vidrio. El resultado es una célula muy delgada y flexible que usa menos del 1% del silicio necesario para una célula cristalina. Debido a esta reducción en la materia prima y al proceso de fabricación que consume menos energía, la producción de celdas de silicio amorfo es mucho más barata.

Sin embargo, su eficiencia se reduce considerablemente porque los átomos de silicio están mucho menos ordenados que en sus formas cristalinas, lo que deja "enlaces suspendidos" que se combinan con otros elementos haciéndolos eléctricamente inactivos. Estas células también sufren una pérdida de eficiencia del 20% durante los primeros meses de operación antes de la estabilización y, por lo tanto, se venden con potencias nominales calculadas de acuerdo con su rendimiento degradado..

Un panel solar de película delgada.

Otros tipos de células de película delgada incluyen el diselenuro de cobre y galio (CIGS) y el teluro de cadmio (CdTe). Estas tecnologías celulares ofrecen mayores rendimientos que el silicio amorfo, pero contienen elementos raros y tóxicos, incluido el cadmio, que requieren precauciones adicionales durante la fabricación y el reciclaje final.

Types of photovoltaic cells - Energy Education. (2018). Retrieved from https://energyeducation.ca/encyclopedia/Types_of_photovoltaic_cells

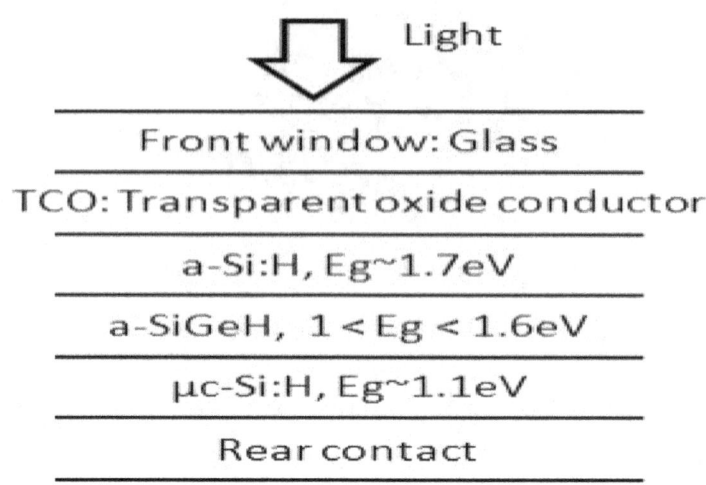

Vista esquemática en sección transversal de una célula de película delgada de Si amorfo

4.4 FACTORES QUE AFECTAN AL RENDIMIENTO DE LOS SISTEMAS FV

El rendimiento externo de un módulo fotovoltaico está influenciado por muchos factores. Algunos de estos factores están relacionados con el módulo en sí y otros con el sitio y el entorno. Algunos de estos factores principales son la degradación del material, la radiación solar, la temperatura del módulo, el factor de relleno de las resistencias parásitas, el sombreado, la suciedad, el PID, el ángulo de inclinación, etc.

4.4. a. Degradación del módulo fotovoltaico.

Los fabricantes de sistemas fotovoltaicos suelen garantizar una vida útil de módulos de 25 años; La curva de garantía generalmente promete que los módulos producirán al menos el 90% de la capacidad nominal en los primeros 10 años y alrededor del 80% de la capacidad nominal en los próximos 10 a 15 años. Los módulos solares fotovoltaicos generalmente se degradan más rápido en los primeros años de vida. En general, la salida nominal de los módulos solares se reduce a alrededor del 0,5% por año. Los módulos FV de película delgada (a-Si, CdTe y CIGS) se degradan más rápido que los módulos basados en Si cristalino. Estos procesos de degradación pueden ser químicos, eléctricos, térmicos o mecánicos. La tabla a continuación muestra la pérdida de producción anual promedio reportada en varias tecnologías de módulos fotovoltaicos posteriores a 2000. La degradación temprana de los módulos fotovoltaicos puede deberse a fallas de diseño, materiales inferiores o problemas con los módulos fotovoltaicos. En la mayoría de los casos, los fallos de los módulos y las pérdidas de rendimiento se deben a un mayor daño acumulativo

115

debido a la exposición al aire libre a largo plazo en ambientes hostiles.

Photovoltaics | WBDG - Whole Building Design Guide. (2018). Retrieved from https://www.wbdg.org/resources/photovoltaics

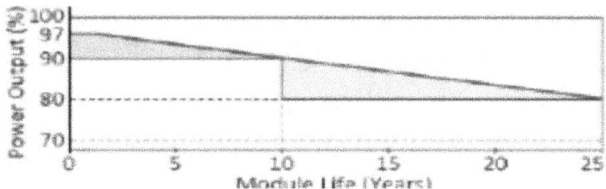

PV Cell Type	Output loss (%/year)
Monocrystalline Silicon (mono-Si)	0.36
Cadmium Telluride (CdTe)	0.4
Polycrystalline Silicon (poly-Si)	0.64
Amorphous Silicon (a-Si)	0.87
Copper Indium Gallium Selenide (CIGS)	0.96

La vida útil de un módulo solar fotovoltaico típico

Pérdida de salida promedio anual de células fotovoltaicas

4.4. b. Variación en la radiación solar

El rendimiento de los módulos fotovoltaicos en diferentes condiciones de luz variará

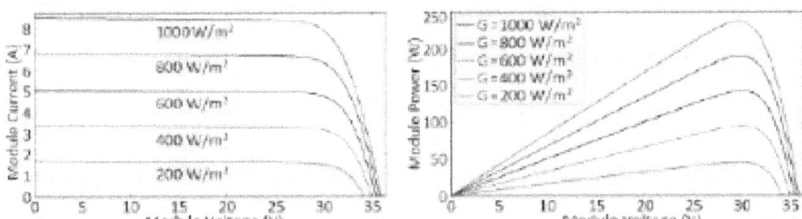

significativamente, lo que a su vez tiene un impacto significativo en el rendimiento de los sistemas fotovoltaicos. Las variaciones en la intensidad de la radiación solar que cae sobre un módulo fotovoltaico afectan muchos de sus parámetros, incluidos Isc, Voc, potencia, FF y eficiencia. Muestran la corriente, la tensión y la salida de un módulo con irradiancia variable.

Impactos de las variaciones de la irradiancia en la corriente y la potencia de salida de un módulo fotovoltaico

4.4 c. Temperatura del módulo

Una célula fotovoltaica, como cualquier otro dispositivo semiconductor, es muy sensible a la temperatura. La eficiencia y el rendimiento de una célula fotovoltaica se reducen con el aumento de la temperatura. Esto se debe principalmente al aumento en las tasas de recombinación del soporte interno causado por el aumento en las concentraciones de portadores. La temperatura de un módulo fotovoltaico aumenta al aumentar la radiación solar y la temperatura del aire, pero disminuye al aumentar la velocidad del viento. Durante el verano, alrededor de la hora del almuerzo, cuando la irradiancia es muy fuerte, las temperaturas del módulo fotovoltaico pueden alcanzar los 60 a 65 ° C. Los efectos de la temperatura sobre la corriente, el voltaje y la salida de la celda fotovoltaica se muestran en la figura a continuación. A partir de los valores normalizados de corriente, voltaje y potencia a 25 ° C con un aumento de temperatura, la corriente de la celda aumenta ligeramente, pero el voltaje cae a una velocidad más alta, lo que resulta en la mayor caída en la potencia de salida. Cuando la temperatura de la celda cae por debajo de 25 ° C, la corriente disminuye ligeramente, pero la tensión y la potencia aumentan. Generalmente, con celdas de silicio, es típico un aumento de temperatura de hasta aproximadamente el 0,5% por grado Celsius.

Photovoltaics | WBDG - Whole Building Design Guide. (2018). Retrieved from https://www.wbdg.org/resources/photovoltaics

Impactos de la temperatura en el rendimiento de una célula fotovoltaica

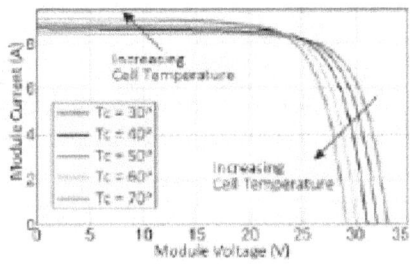 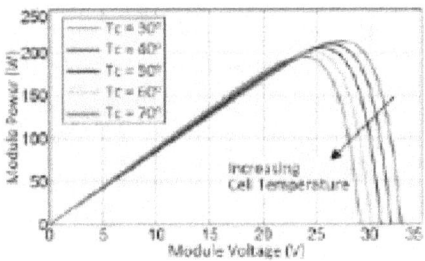

La tensión Voc disminuye en aproximadamente 0,1 a 0,3 V por cada aumento de la temperatura de K, y la Isc actual aumenta en aproximadamente 2,3 a 4 mA / K. A medida que aumenta la temperatura de la celda, la disminución en la tensión es mucho mayor que la correspondiente Incremento de la temperatura actual. El efecto general de esto es una reducción en la potencia de salida a una tasa de alrededor de 0.4 a 0.5% por aumento de temperatura en grados. Estos efectos se muestran en la Figura siguiente. Los coeficientes de temperatura de corriente, voltaje y potencia de algunos módulos FV de silicio cristalino de diferentes fabricantes instalados en estaciones NTPC se muestran en la Tabla a continuación.

Impacto de la temperatura de la celda en las características IV y PV de un módulo PV de 240 Wp

Location		P'Blair	Dadri	F'Bad	Singrauli	PMI
Rating (Wp)		235	240	230	240	295
Module Type		Mono	Poly	Poly	Mono	Poly
Temp. Coeff.	Current	2.28 mA/K	4.4 mA/K	0.05 %/K	0.04 %/°C	0.068 (%/°C)
	Voltage	-133.26 mV/K	-123 mV/K	-0.34 %/K	-0.35 %/°C	-0.294 (%/°C)
	Power	-0.4846 %/K	-0.47 %/K	-0.43 %/K	-0.42 %/°C	-0.384 (%/°C)

Tabla de comparación de coeficientes de temperatura de los módulos fotovoltaicos

El nivel de impacto de la temperatura en los módulos fotovoltaicos variará dependiendo del tipo de semiconductor utilizado. Para reducir los problemas relacionados con la temperatura en los módulos fotovoltaicos, se podrían considerar los siguientes aspectos.

I. Mantenga un espacio suficiente entre los módulos y el techo (o el suelo) para permitir que el flujo de aire por convección los enfríe.

II. Asegúrese de que los paneles y la estructura de soporte sean de color claro para que la absorción de calor sea menor.

III. Use la estructura de la base perforada para aumentar el enfriamiento.

IV. No mantenga los inversores debajo y cerca de los módulos.

V. Utilizar ventiladores de refrigeración.

En un sistema fotovoltaico de techo montado cerca del piso del techo, la temperatura del módulo puede alcanzar aproximadamente el 150% de la temperatura ambiente, mientras que en un sistema adecuadamente ventilado, como un módulo montado en poste, el aumento de temperatura estará en el rango de 120%.

4.4 d. Factor de llenado

El factor de relleno de una célula fotovoltaica se define como la relación entre la potencia máxima y el producto de Voc e Isc. Basado en la curva IV que se muestra en la Figura a continuación, el factor de relleno se puede representar como

$$Fill - Factor = \frac{Vmax \cdot Imax}{Voc \cdot Ioc} = \frac{areaA}{areaB}$$

Gráficamente, el factor de relleno es una medida de la cuadratura de la célula fotovoltaica y también es el área del rectángulo más grande que encajará en la curva IV. Se espera que un módulo fotovoltaico de buena calidad tenga un factor de llenado superior al 70%. Un factor de relleno menor indica un valor mayor de Rs o un valor menor de Rsh, una mayor corriente de recombinación en la región de carga espacial y una mayor corriente de saturación inversa de la unión Io, todas estas condiciones representan un aumento de las pérdidas. El aumento de la temperatura de la celda reduce el factor de llenado como se muestra en la Figura siguiente.

Photovoltaics | WBDG - Whole Building Design Guide. (2018). Retrieved from https://www.wbdg.org/resources/photovoltaics

4.4 e. Resistencias parasitarias

Las resistencias en serie y la disipación de una célula fotovoltaica, las llamadas resistencias parásitas, conducen a un aumento de las pérdidas de I2R, lo que finalmente conduce a una menor eficiencia del módulo. La resistencia en serie (Rs) representa la resistencia interna de la célula fotovoltaica. Incluye la resistencia de los contactos metálicos, los dedos, las impurezas y la resistencia del semiconductor.

La resistencia de derivación (Rsh) representa la resistencia de purga y es responsable de la corriente de fuga. Los efectos de Rs y Rsh en la curva IV de una célula fotovoltaica se muestran en la siguiente figura. Las reducciones resultantes en la región de la curva IV conducen a una reducción en el factor de llenado y, por lo tanto, a una reducción en la eficiencia de la celda.

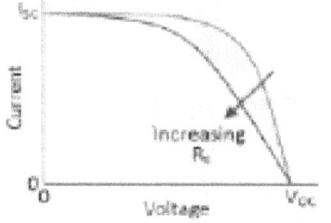 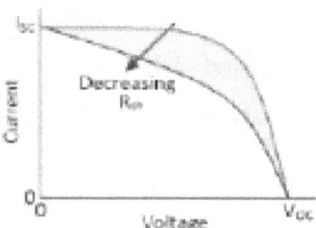

Impactos de las resistencias parasitarias sobre la característica IV.

Para un rendimiento óptimo de un módulo fotovoltaico, Rs debe ser lo más bajo posible y Rsh debe ser lo más alto posible. El conocimiento de estos valores de resistencia es importante para controlar la calidad y evaluar el rendimiento de un sistema fotovoltaico. Las hojas de datos de los módulos fotovoltaicos generalmente no proporcionan los valores de Rs y Rsh, pero pueden calcularse. La siguiente tabla muestra los valores calculados de Rs y

Rsh para algunos de los módulos fotovoltaicos utilizados en las estaciones NTPC.

Theory of solar cells. (2018). Retrieved from https://en.wikipedia.org/wiki/Theory_of_solar_cells

	PMI	P'Blair	Dadri	F'Bad	Singrauli
Power (Wp)	295	235	240	230	240
Silicon Type	Poly	Mono	Poly	Poly	Poly
No. of cells	72	60	60	60	60
R_s/cell (mΩ)	7.181	6.610	7.017	7.383	7.15
R_{sh}/cell (Ω)	4.529	3.674	3.535	3.818	3.543

Photo   from:
https://www.researchgate.net/publication/319165448_
An_Overview_of_Factors_Affecting_the_Performance_

Tabla de valores calculados de resistencias parasitarias de células fotovoltaicas

4.5 Determinación del voltaje máximo del sistema de la matriz FV

Los módulos fotovoltaicos, los inversores, los dispositivos de desconexión, el cableado y los dispositivos de protección contra sobrecargas están clasificados para manejar solo tanta tensión. El equipo utilizado para sistemas fotovoltaicos residenciales y comerciales en los Estados Unidos tiene una capacidad nominal de hasta 600 VCC, por lo que es importante asegurarse de que la matriz fotovoltaica esté configurada para que no se supere esta clasificación de 600 voltios.

En condiciones de clima frío y soleado, la tensión de la matriz aumentará; tendrá que tener esto en cuenta al diseñar su sistema para que la tensión permanezca por debajo del límite. Eso implica algunos cálculos matemáticos y conocer la temperatura ambiente más baja esperada en su sitio.

Si el fabricante del módulo fotovoltaico proporciona un coeficiente de temperatura de voltaje de circuito abierto (TkVoc), debe usarse en el cálculo. Este coeficiente nos dice cuánto aumentará el voltaje de un módulo por ° C por debajo de la condición de prueba estándar (STC) de 25 ° C. El coeficiente de temperatura se indicará en voltios por ° C; milivoltios (mV) por ° C; o como porcentaje por ° C. La mayoría de los fabricantes de módulos proporcionan estos datos en las hojas de especificaciones de sus módulos.

Si un módulo tiene un TkVoc de -0.120 V por °C, esto significa que, para cada ° C por debajo de 25 ° C, el voltaje del módulo aumentará en 0.120 voltios. Si tiene un módulo con un TkVoc dado en% por °C, multiplique este TkVoc por el voltaje de circuito abierto (Voc) del módulo. Un módulo con un Voc de 36.9 voltios y un TkVoc de -0.36% por ºC tendrá un aumento de voltaje de 1.333 para cada grado por debajo de 25 º C.

0.0036 × 36.9 V = 0.133 V

Una vez que tengamos este cálculo, debemos determinar la temperatura ambiente más baja esperada. Puede obtener sus datos de temperatura en

www.solarabcs.org/permitting/map/

Asumamos que nuestra matriz utiliza módulos con un Voc = 36.9 voltios y un TkVoc = -0.36% por ºC, y se encuentra en Albany, Nueva York. La temperatura mínima extrema para esta ubicación se indica como -23 º C. Esto es 48 º C más bajo que la temperatura STC.

-23ºC - 25ºC = -48ºC

El uso de este valor, junto con el TkVoc, resulta en un aumento del voltaje del módulo de 6.38 voltios (48ºC x 0.133 V = 6.38 V). Eso significa que nuestro módulo máximo Voc es ahora 43.28 V.**36.9 V + 6.38 V = 43.28 V**

Ahora que se ha ajustado el voltaje del módulo, multiplíquelo por el número de módulos en serie para determinar el voltaje máximo del sistema. Si nuestra matriz consta de 12 de estos módulos en serie, el voltaje máximo del sistema resultante es de 519.4 voltios, que está por debajo del límite de 600 voltios. Sin embargo, si tuviéramos 14 de estos módulos en serie, se podría exceder el límite de 600 voltios (43,28 V × 14 = 605,9 V) dada esta ubicación y estos módulos.

Determining PV Array Maximum System Voltage | Home Power Magazine. (2018). Retrieved from https://www.homepower.com/articles/solar-electricity/design-installation/determining-pv-array-maximum-system-voltage

5 Construcción e instalación de paneles solares.

5.1 Como construir un panel solar.

La energía solar es una fuente de energía renovable que no solo lo beneficia a usted, sino también al medio ambiente. Con el esfuerzo que pones en hacer un panel solar casero, puedes ayudar a prevenir la contaminación ambiental al reducir el uso de combustibles fósiles. Lo que es aún mejor es que ahorrará dinero en su factura de electricidad. Para construir su propio panel solar, deberá ensamblar las siguientes piezas juntas;

1. Conectar las celdas.

2. Construir un cuadro de panel

3. cable thepanel

4. Sella la caja.

5. Y luego, finalmente, montar su panel solar completado.

Davison, A. (2018). Free PV Solar Panel Plans - Learn How To Make Solar Panels. Retrieved from http://www.altenergy.org/renewables/solar/DIY/make-solar-panels.html

5.2 Ensamblando las piezas

5.2.1 Compra las celdas

Hay algunos tipos diferentes de células solares para comprar, y la mayoría de las buenas opciones se realizan en los Estados Unidos, China o Japón. Sin embargo, la mejor opción de costo-eficiencia es probablemente las células policristalinas. La cantidad de celdas que debe comprar depende de la cantidad de energía que desee producir. Las especificaciones deben aparecer en la lista cuando compre las celdas.

- Asegúrate de comprar extras. Estas células son extremadamente frágiles.

- Las celdas se pueden comprar más fácilmente en línea a través de sitios web como Ebay, pero puede comprar algunas en su ferretería local.

- Puede que sea necesario limpiar la cera de las celdas, si el fabricante las envía en cera. Para hacer esto, sumérjalos en agua caliente, pero no hirviendo.

- Cada celda no debe costar más de $ 1.30 por vatio.

Tablero de respaldo

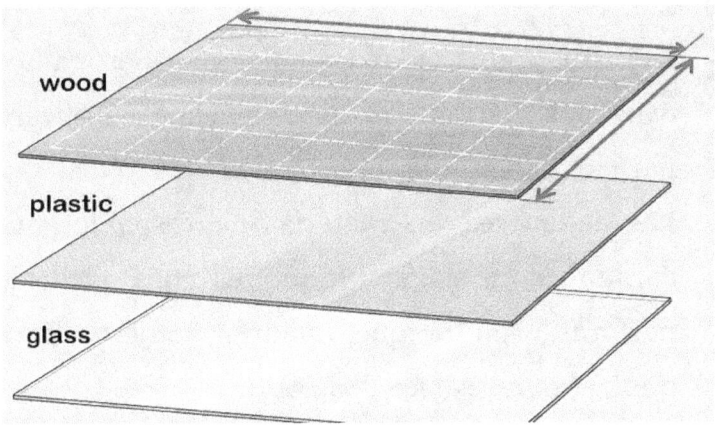

(Material no conductor)

5.2.2   Medir y cortar una tabla de soporte.

Necesitará una tabla delgada hecha de un material no conductor, como vidrio, plástico o madera, para unir las celdas. Coloque las celdas en el arreglo que usará, luego mida las dimensiones y corte una tabla a ese tamaño.

- Deje una o dos pulgadas adicionales en ambos extremos del tablero. Este espacio se utilizará para los cables que conectan las filas.

- La madera es un material de respaldo más común para elegir porque es más fácil de perforar. Tendrá que taladrar agujeros para que pasen los cables de la celda.

5.2.3 Mide y corta todo tu alambre de

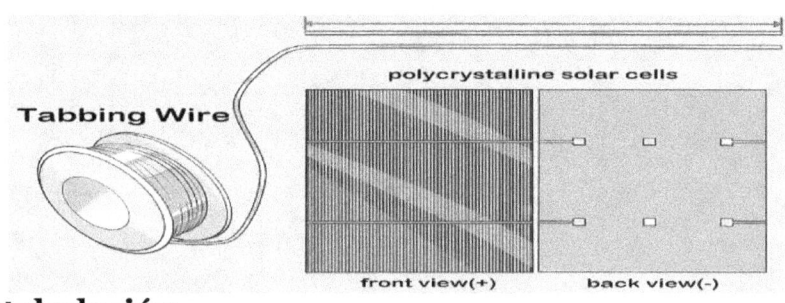

tabulación

Cuando observas tus celdas policristalinas, verás un gran número de líneas pequeñas que van en una dirección (la distancia larga) y dos líneas más grandes que van en la otra dirección (la distancia corta). Necesitará conectar el cable de tabulación para recorrer las dos líneas más grandes y conectarse a la parte posterior de la siguiente celda de la matriz. Mida la longitud de esa línea más grande, doble la longitud y luego corte dos piezas para cada celda.

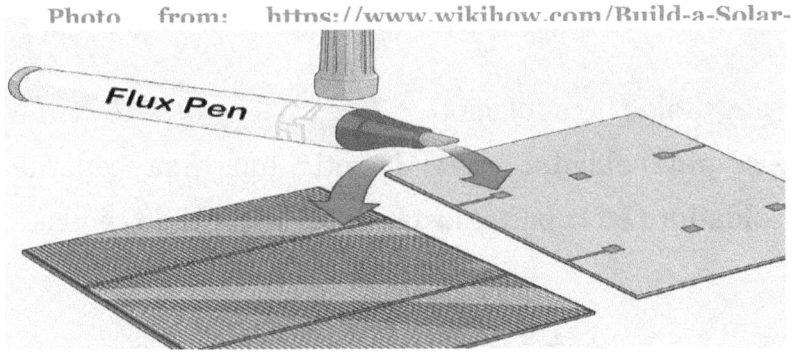

5.2.4 Flujo del área de trabajo.

Con un lápiz de flujo, ejecute 2-3 líneas de flujo a lo largo de cada tira de celda, o grupo de tres cuadrados y asegúrese de hacer esto en la parte posterior de las celdas. Esto evitará que el calor de la soldadura cause oxidación.

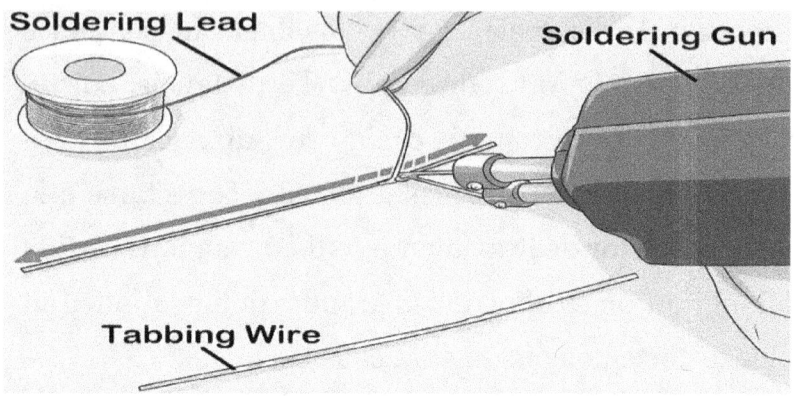

Photo   from: https://www.wikihow.com/Build-a-Solar-

5.2.5 Solde la tabulación

Use un soldador para derretir una fina capa de soldadura en la parte posterior de las tiras de células.

- Este paso no es necesario si compra tabulaciones previamente soldadas, que a menudo es una mejor opción porque reduce el tiempo a la mitad, calienta las celdas solo una vez y desperdicia menos soldadura. Sin

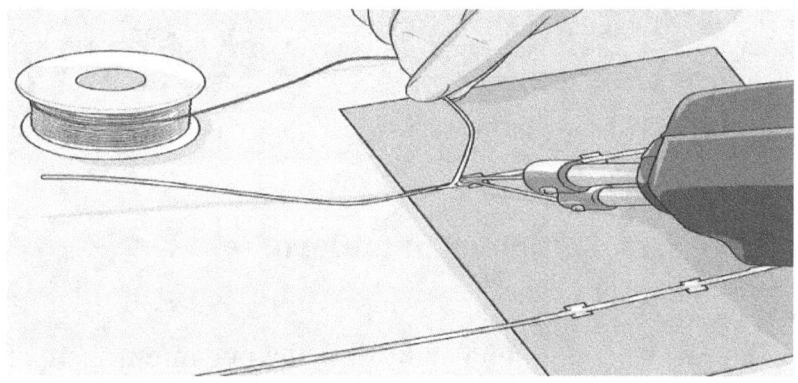

Photo from: https://www.wikihow.com/Build-a-Solar- embargo, es más caro.

5.2.6 Unir el cable a las celdas

Calienta la primera mitad de un trozo de alambre con un soldador. Luego une el extremo del cable a una celda. Repita este proceso de unión para cada celda.

Davison, A. (2018). Free PV Solar Panel Plans - Learn How To Make Solar Panels. Retrieved from http://www.altenergy.org/renewables/solar/DIY/make-solar-panels.html

5.3 Conectando las celulas

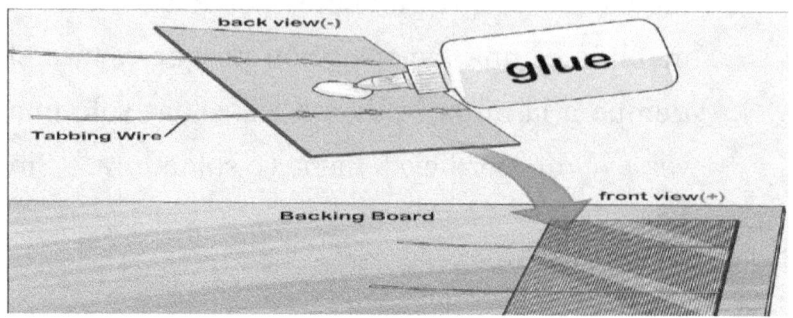

5.3.1Pegue las celdas al tablero.

Coloque una pequeña cantidad de pegamento en el centro de la parte posterior de las celdas y luego presiónelas en su lugar en el tablero. El cable de tabulación debe correr en una sola línea recta a través de cada fila. Asegúrate de que los extremos del cable de la pestaña suban entre las celdas y se puedan mover libremente, con solo las dos piezas sobresaliendo entre cada celda.

- Tenga en cuenta que una fila tendrá que correr en la dirección opuesta a la que está a su lado, de modo que el cable de lengüeta sobresalga al final de una fila y en el lado opuesto de la siguiente.

- Debería planear poner las celdas en filas largas, con un número menor de filas. Por ejemplo, tres filas que consisten en 12 celdas colocadas de lado a lado largo.
- Recuerde dejar una pulgada adicional (2,5 cm) en ambos extremos del tablero.

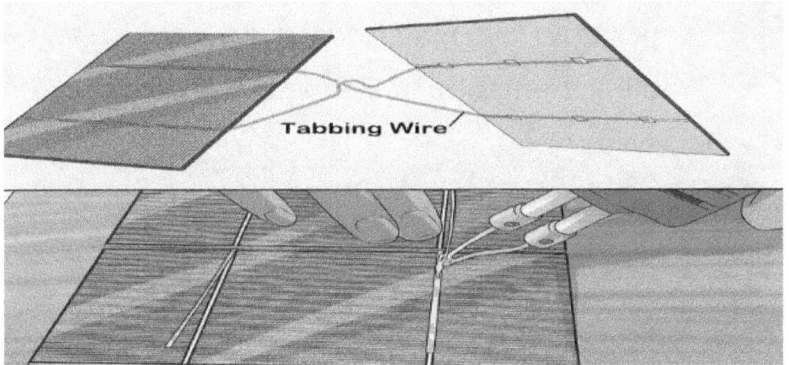

Photo   from: https://www.wikihow.com/Build-a-Solar-

5.3.2 Soldar las células juntas

Aplique flujo a la longitud de las dos líneas gruesas (almohadillas de contacto) en cada celda. Luego, tome las secciones libres del cable de tabulación y sódelas a toda la longitud de las almohadillas.

- El cable de tabulación conectado a la parte posterior de una celda debe conectarse a la parte frontal de la siguiente celda en todos los casos.

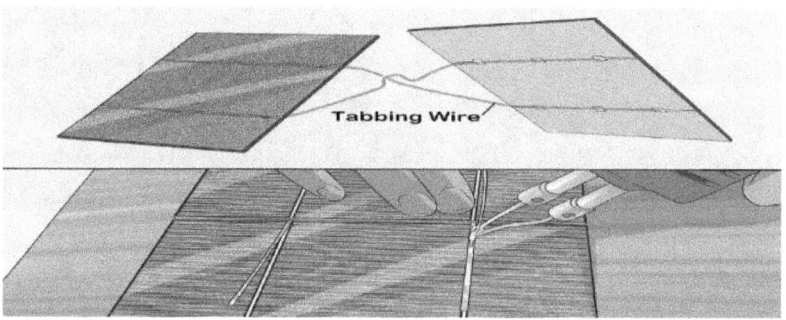

Photo from: https://www.wikihow.com/Build-a-Solar-

5.3.3 Conecte la primera fila usando el cable de bus

Al comienzo de la primera fila, suelde el cable de tabulación al frente de la primera celda. El cable de tabulación debe ser aproximadamente una pulgada (2,5 cm) más largo de lo necesario para cubrir las líneas, y debe extenderse hacia el espacio adicional en el tablero. Suelde esos dos cables junto con un cable de bus del mismo tamaño que la distancia entre las

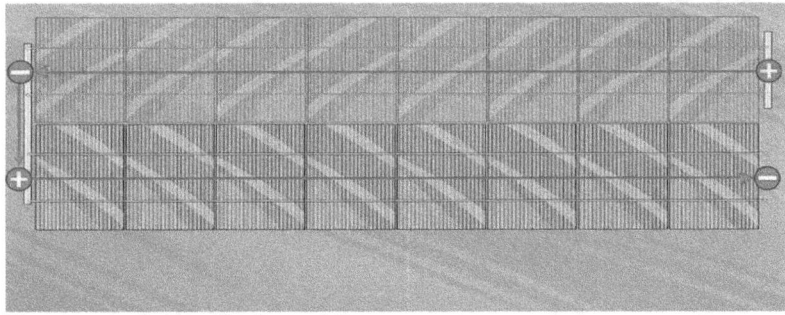

líneas gruesas de la celda.

5.3.4Conecta la segunda fila

Conecte el extremo de la primera fila al comienzo de la segunda con un trozo largo de cable de bus que se extiende entre el cable en el borde del panel y el cable que está más alejado en la siguiente fila. Necesitará preparar la primera celda de la segunda fila con un cable de tabulación adicional, como lo hizo con la primera.

- Conecte los cuatro cables a este cable de bus

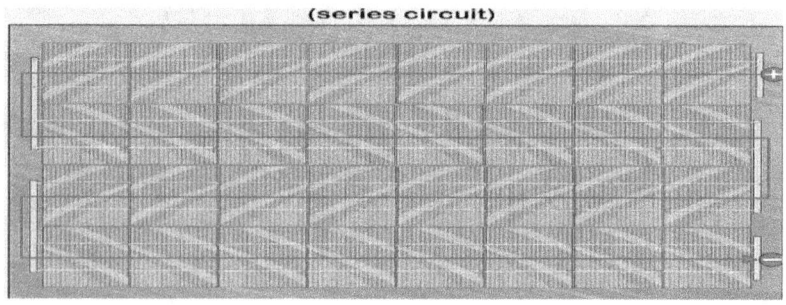

(series circuit)

5.3.5 Continúa conectando el resto de las filas.

Continúa conectando el resto de las filas. Continúe conectando las filas con los cables largos del bus hasta que llegue al final, donde lo conectará nuevamente con un cable corto del bus.

Davison, A. (2018). Free PV Solar Panel Plans - Learn How To Make Solar Panels. Retrieved from http://www.altenergy.org/renewables/solar/DIY/make-solar-panels.html

5.4 Construyendo su caja de panel

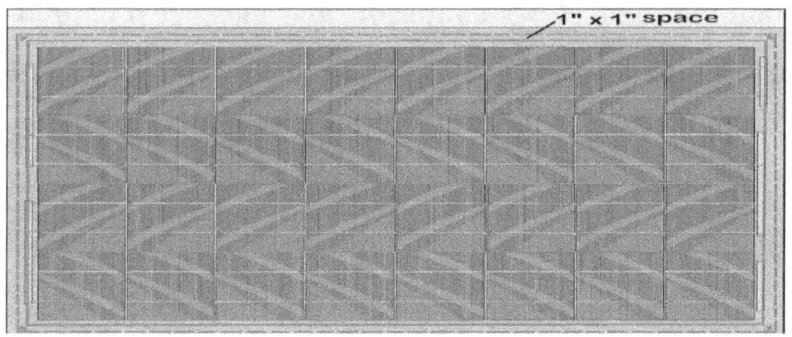

Photo from: https://www.wikihow.com/Build-a-Solar-Panel

Diseño común con 1 "x 1"

5.4.1 Mide tu panel celular

Mida el espacio ocupado por el panel en el que ha colocado sus celdas. Necesitarás la caja para ser al menos tan grande. Agregue 1 pulgada (2,5 cm) a cada lado, para dejar espacio para los lados de la caja. Si no va a haber un punto cuadrado libre de 1 pulgada por 1 pulgada (2,5 cm x 2,5 cm) en cada esquina después de agregar el panel, deje también espacio para esto.

- Asegúrese de que haya suficiente espacio para los cables del bus al final también.

5.4.2   Cortar la espalda plana

Corte un pedazo de madera contrachapada al tamaño que midió en el paso anterior, más el espacio para los lados de la caja. Puede usar una sierra de mesa o un rompecabezas, dependiendo de lo que tenga disponible.

5.4.3   Formar los lados

Mida dos piezas de 1 pulgada por 2 pulgadas (2,5 cm x 5 cm) de tablas no conductoras a lo largo de los lados largos de la base de la caja. Luego, mida dos tablas más de 1 pulgada por 2 pulgadas (2,5 cm x 5 cm) para que quepan entre estas piezas largas, completando la caja. Corte estas piezas que ha medido y asegúrelas con tornillos de plataforma y juntas a tope.

- Es importante que los lados no sean demasiado altos porque entonces pueden sombrear las celdas cuando el sol viene desde un ángulo agudo

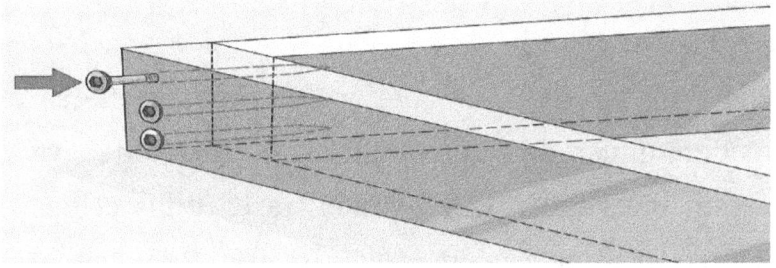

Photo from: https://www.wikihow.com/Build-a-Solar-

5.4.4 Adjuntar los lados

Usando los tornillos de la plataforma, atornille a través de la parte superior de los lados y en la base para asegurar los lados a la parte inferior de la caja. La cantidad de tornillos que use por lado dependerá de la

longitud de los lados, pero

no importa la longitud, no debe usar menos de tres.

5.4.5 Pintar la caja

Puedes pintar la caja del color que prefieras. Considere el uso de colores blancos o reflectantes, ya que esto mantendrá la caja más fresca y las celdas funcionarán mejor cuando estén frías. Su panel durará más si usa pintura diseñada para uso en exteriores. Este tipo de pintura ayudará a proteger la madera de los elementos.

5.4.5 Acople la unidad solar a la caja.

Pegue la unidad solar a la caja completa. Asegúrese de que esté seguro y que las celdas estén hacia arriba y puedan recibir la luz solar. También debe haber dos orificios en el panel para que pasen los extremos del cable del bus.

Davison, A. (2018). Free PV Solar Panel Plans - Learn How To Make Solar Panels. Retrieved from http://www.altenergy.org/renewables/solar/DIY/make-solar-panels.html

5.5   Cableando su panel

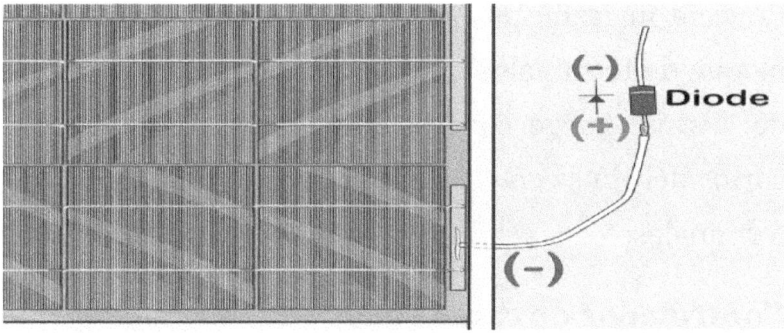

5.5.1Conecte el cable de bus final a un diodo

Obtenga un diodo un poco más grande que el amperaje de su panel y conéctelo al cable del bus, asegurándolo con un poco de silicona. El extremo de color claro del diodo debe apuntar hacia donde va el extremo negativo de la batería. El otro extremo debe estar conectado al extremo negativo de su panel..

- Esto evita que la energía vuelva a viajar a través del panel solar desde la batería cuando no se está cargando.

5.5.2 Conecte los otros cables

Conecte un cable negro al diodo y colóquelo en un bloque de terminales que deberá montar en el lateral de la caja. Luego conecte un cable blanco del cable corto del bus en el lado opuesto al bloque de terminales.

Controlador de carga solar

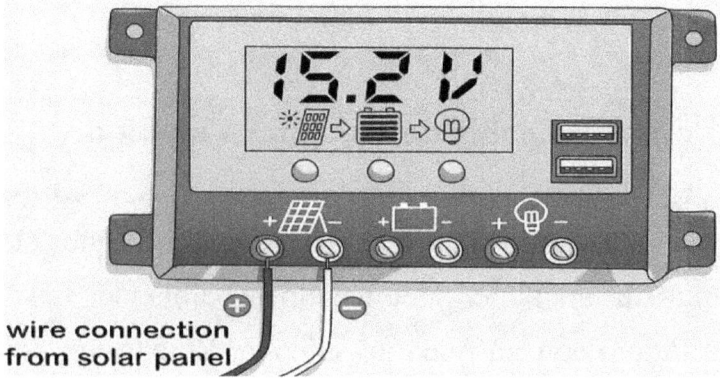

wire connection from solar panel

5.5.3 Conecte su panel a un controlador de carga

Compre un controlador de carga y conecte el panel al controlador, asegurándose de conectar los positivos y negativos correctamente. Ejecute los cables desde el bloque de terminales hasta el controlador de carga, usando un cable codificado por colores para realizar un seguimiento de los cargos.

- Si usa más de un panel, es posible que desee conectar todos los cables positivos y negativos juntos utilizando anillos, para asegurarse de que termina con dos cables.

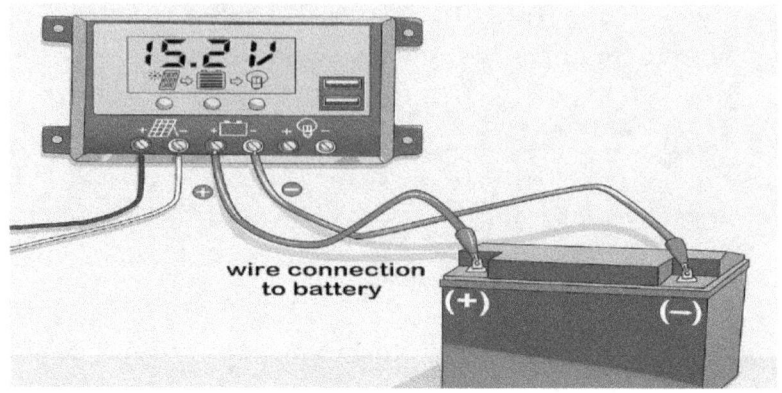

5.5.4 Conecte el controlador de carga a sus baterías

Compre baterías que funcionen con el tamaño de los paneles que construyó. Conecte el controlador de carga a las baterías de acuerdo con las instrucciones del fabricante.

5.5.5 Usa las baterias

Una vez que tenga las baterías conectadas y cargadas desde el panel o paneles, puede hacer funcionar su electrónica fuera de las baterías, dependiendo de la cantidad de energía que necesite para ellas.

5.6 Sellando la Caja

5.6.1 Consigue un pedazo de plexiglás

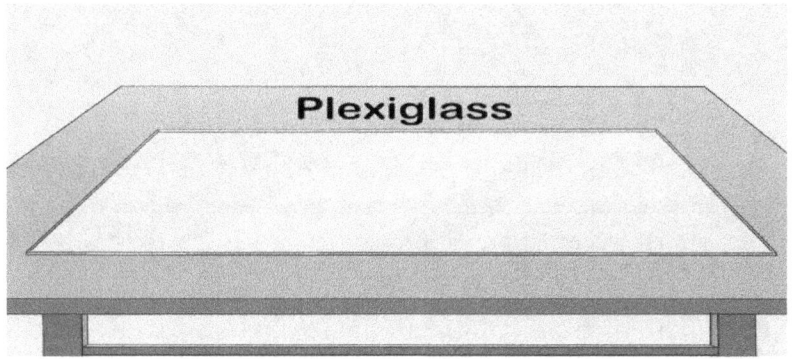

Photo from: https://www.wikihow.com/Build-a-Solar-Panel

Compre una pieza de plexiglás que se corta para que quepa dentro de la caja que creó para su panel. Puede obtener esto en una tienda especializada o en su ferretería local.

- Asegúrese de obtener plexiglás y no vidrio, ya que el vidrio es propenso a romperse o

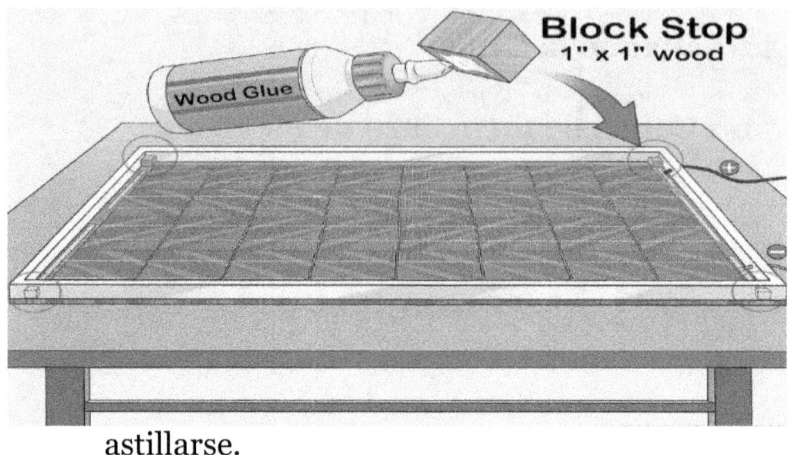

astillarse.

Davison, A. (2018). Free PV Solar Panel Plans - Learn How To Make Solar Panels. Retrieved from http://www.altenergy.org/renewables/solar/DIY/make-solar-panels.html

5.6.2 Coloca topes de bloque para el vidrio.

Corte bloques de madera de 1 pulgada por 1 pulgada (2,5 cm x 2,5 cm) para que quepan en las esquinas. Estos deben ser lo suficientemente altos como para caber por encima del bloque terminal, pero lo suficientemente bajos para caber debajo del borde de

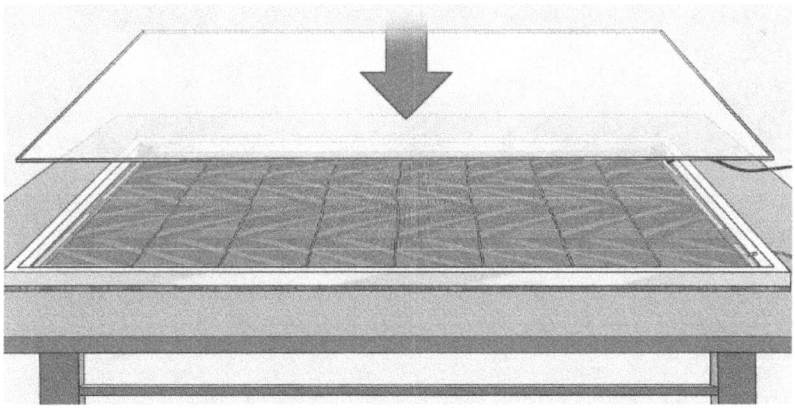

la caja. Pegue estas paradas en su lugar con pegamento de madera.

5.6.3 Inserte su plexiglás

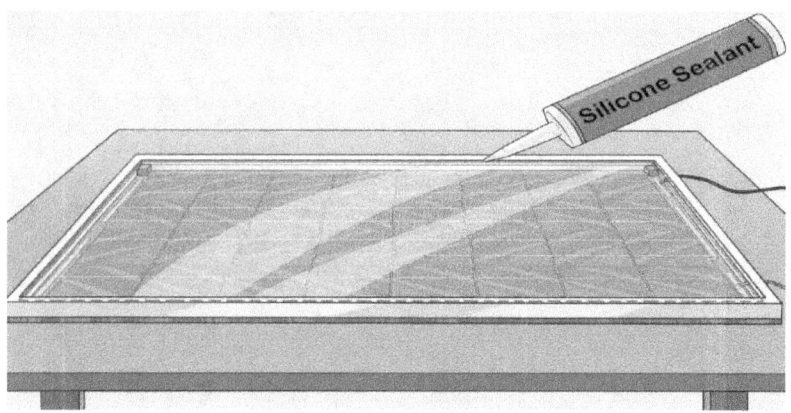

Fit the plexiglass onto the box so that the glass rests on top of the blocks. Using the appropriate screws and

a drill, carefully screw the plexiglass into the blocks.

5.6.4 Sellar la caja

Use un sellador de silicona para sellar los bordes de la caja. También selle los huecos que pueda encontrar para que la caja sea lo más impermeable posible. Utilice las instrucciones del fabricante para aplicar correctamente el sellador.

Davison, A. (2018). Free PV Solar Panel Plans - Learn How To Make Solar Panels. Retrieved from http://www.altenergy.org/renewables/solar/DIY/make-solar-panels.html

Photo from: https://www.wikihow.com/Build-a-Solar-Panel

5.7 Montaje de sus paneles

5.7.1 Monta tus paneles en un carrito

Una opción sería construir y montar sus paneles en un carrito. Esto colocaría el panel en ángulo, pero le permitiría cambiar la dirección hacia la que se enfrenta el panel para aumentar la cantidad de sol que recibe en un día. Sin embargo, esto requerirá que ajuste el panel 2-3 veces al día..

5. 7.2 monta tus paneles en tu techo

Esta es una forma popular de montar los paneles porque tienden a recibir la mayor cantidad de luz solar y están fuera del camino. Sin embargo, el ángulo deberá ser consistente con la trayectoria del sol y su tiempo de carga máxima. Esto lo limitará a tener solo exposición completa en ciertos momentos del día.

- Esta opción es mejor si tiene una gran cantidad de paneles y muy poco espacio en el suelo para colocarlos en.

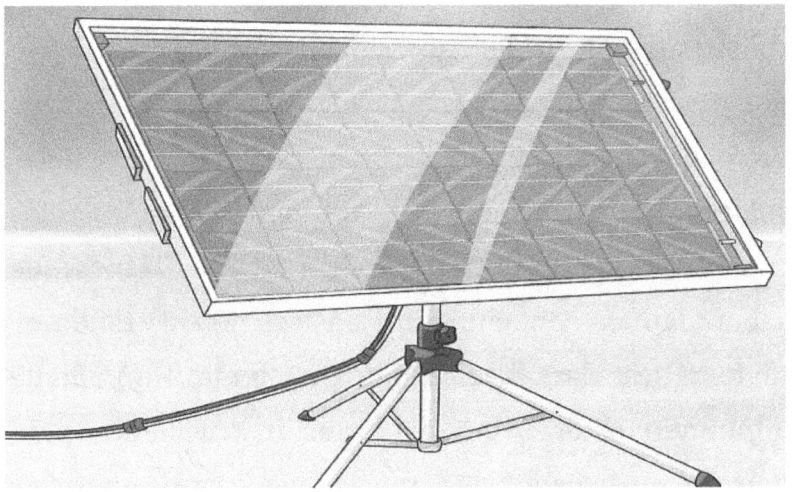

5. 7.3 monta tus paneles en un soporte satelital

Los soportes que se utilizan generalmente para montar antenas parabólicas también se pueden usar para montar paneles solares. Incluso se pueden programar para moverse con el sol. Sin embargo, esta opción solo funcionará si tiene un número muy pequeño de paneles solares.

Davison, A. (2018). Free PV Solar Panel Plans - Learn How To Make Solar Panels. Retrieved from http://www.altenergy.org/renewables/solar/DIY/make-solar-panels.html

5. 8 INSTALACION DE PANEL SOLAR

Si ha decidido instalar un sistema de panel solar para cubrir las necesidades de energía de su hogar, este libro es para usted. Esta es una guía de bricolaje paso a paso de la instalación de paneles solares desde la compra de diferentes componentes hasta el cableado de todo por su cuenta. Tienes que saber algunos conocimientos básicos de electricidad y matemáticas para diseñar todo el sistema. También he adjuntado enlaces de mis otras instrucciones para hacer el controlador de carga y el medidor de energía.

Para un sistema solar fuera de la red se necesitan cuatro componentes básicos:

1. Panel Solar (Panel PV)

2. Controlador de carga

3. Inversor

4. batería

Así es como encajan todas las piezas:

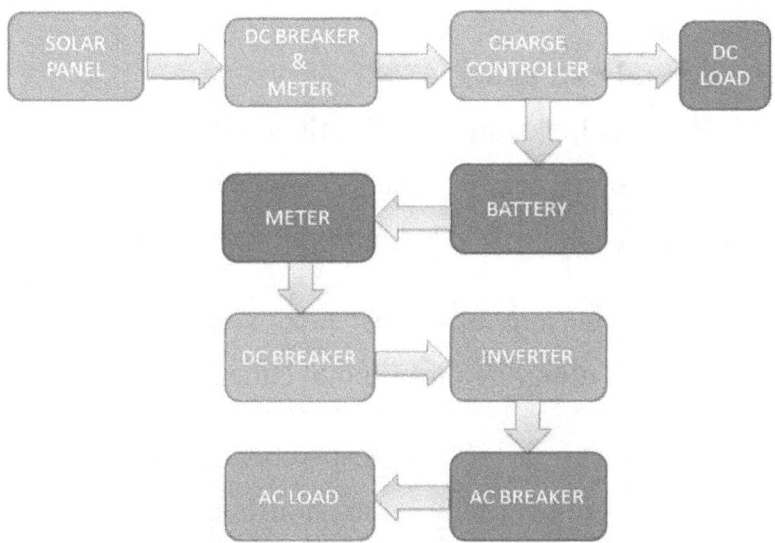

Además de los componentes anteriores, necesita algunas cosas más como el cable de cobre, el conector MC4, el disyuntor, el medidor y los fusibles, etc. En los siguientes pasos, explicaré en detalle cómo puede elegir los componentes anteriores de acuerdo con sus requisitos..

Nota: En las imágenes, he mostrado un gran panel solar de 255W @ 24V, dos baterías de 12V @ 100Ah cada una, un controlador de carga solar de 30A @ 12 / 24V PWM y un inversor de onda sinusoidal pura de 1600 VA. Pero durante el cálculo he tomado un ejemplo del sistema solar más pequeño para una mejor comprensión.

5. 8.1 Calcule su carga

Antes de elegir los componentes, tiene que calcular su carga de potencia, cuánto tiempo se ejecutará, etc. Es muy sencillo calcular si sabe matemática básica..

• Decida qué aparatos (luz, ventilador, TV, etc.) desea ejecutar y cuánto tiempo (horas).

• Consulte la tabla de especificaciones en sus aparatos para conocer la potencia nominal.

• Calcule el Watt Hour que es igual al producto de la potencia nominal de sus dispositivos y el tiempo de ejecución (horas). Cálculo de carga

Ejemplo: Le permite ejecutar una lámpara fluorescente compacta de 11W (CFL) durante 5 horas desde un panel solar, luego la hora del vatio es igual a:

Watt Hour = 11W x 5 hr = 55

Calcule el Watt Hour total: al igual que con el CFL, ahora calcularemos el watt hour para todos los dispositivos y los sumaremos.

Ejemplo: FL = 11W x 5 hr = 55Fan = 50 W x 3hr = 150TV = 80W x 2hr = 160

Vatios totales = 55+150+160 = 365

- Ahora que el cálculo de la carga ha terminado, lo siguiente es elegir los componentes correctos para que coincidan con sus requisitos de carga.

Si no está interesado en hacer los cálculos anteriores, use una calculadora de carga para este cálculo. Hay muchas calculadoras de carga disponibles en Internet, por ejemplo, esta Off Grid Load Calculator.

5. 8.2 Selección de batería

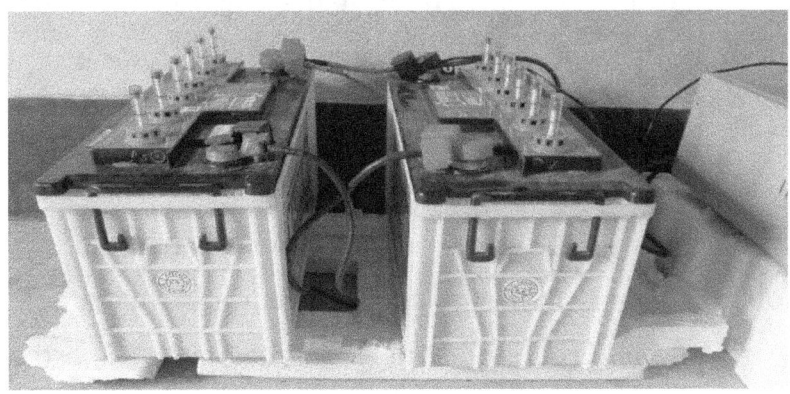

Photo from: https://waldenlabs.com/diy-off-grid-solar-system/

Las baterías que utilizo para mi sistema solar.

La salida del panel solar es de corriente continua. Esta potencia se genera solo durante el día. Entonces, si desea ejecutar una carga de dc durante el día, entonces parece ser muy fácil. Pero hacer esto no es una buena decisión porque...

> 1. La mayoría de los aparatos necesitan una tensión nominal constante para funcionar de manera eficiente. El voltaje del panel solar no es constante; Varía según la luz del sol.

> 2. Si desea ejecutar los aparatos durante la noche, entonces es imposible.The above problem is solved by using a battery to store the solar power during the day and use it according to your choice. It will provide constant source of stable, reliable power.

Hay varios tipos de baterías. Las baterías para autos y bicicletas están diseñadas para suministrar ráfagas cortas de alta corriente y luego se recargan y no están diseñadas para una descarga profunda. Pero la batería solar es una batería de plomo de ciclo profundo que permite una descarga parcial y permite una descarga lenta y profunda. Las baterías tubulares de plomo ácido son perfectas para un sistema solar.

Las baterías Ni-MH y las baterías Li-Ion también se utilizan en muchas aplicaciones de potencia pequeña.

Nota: Antes de elegir los componentes, decida la tensión de su sistema, 12/24 V o 48 V. Cuanto más alta sea la tensión, menor será la corriente y menor será la pérdida de cobre en el conductor. Esto también reducirá el tamaño de su conductor. La mayoría de los sistemas solares domésticos pequeños tendrán 12 V o 24 V.

En este proyecto he seleccionado los sistemas de 12 V.

Clasificación de la batería:

Las capacidades de las baterías se clasifican en términos de Amperios Hora.

Potencia = Voltaje X Corriente

Watt Hour = Voltaje (voltios) x Corriente (amperios) x Tiempo (Horas)

Voltaje de la batería = 12V (ya que nuestro sistema es 12V)

Capacidad de la batería = Carga / Voltaje = 365/12 = 30.42 Ah

Pero las baterías no son 100% eficientes, asumiendo un 80% de eficiencia.

Capacidad = 30.42 / 0.8 = 38.02 Ah

Al tomar un margen, puede seleccionar una batería de plomo ácido de ciclo profundo de 40 Ah.

5. 8.3 Selección de paneles solares

Photo from: https://waldenlabs.com/diy-off-grid-solar-

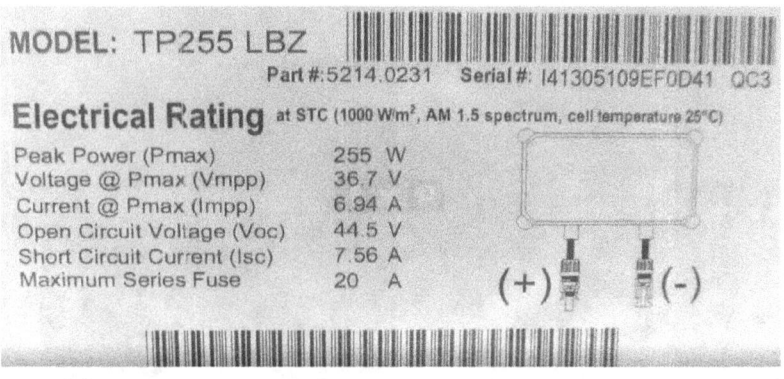

Calificaciones de paneles solares para el panel solar de 255W

El panel solar convierte la luz solar en electricidad como corriente continua (CC). Estos paneles se clasifican típicamente en **monocristalino cristalino cristalino**. Mono cristalino es más costoso y más eficiente que los paneles policristalinos.

Los paneles solares generalmente se clasifican bajo condiciones de prueba estándar (STC): irradiancia de 1,000 W / m², espectro solar de AM 1.5 y temperatura del módulo a 25 ° C.

Clasificación del panel solar:

El tamaño del panel solar debe seleccionarse de manera que cargue la batería completamente en un día soleado.

Durante las 12 horas del día, la luz del sol no es uniforme y también varía según su ubicación en el mundo. Así que podemos asumir 4 horas de luz solar efectiva que generará la potencia nominal.

Entonces, la potencia total de salida de los paneles = 12V x 40Ah = 480Wh

Potencia a generar por hora = 480/4 = 120W

Al tomar un margen, puede elegir un panel solar de 125 W, 12v.

5. 8.4Selección del controlador de carga

Ejemplo de un controlador de carga

Un controlador de carga solar es un dispositivo que se coloca entre un panel solar y una batería. Regula el voltaje y la corriente proveniente de sus paneles solares. Se utiliza para mantener el voltaje de carga adecuado en las baterías. A medida que aumenta el voltaje de entrada del panel solar, el controlador de carga regula la carga de las baterías evitando cualquier sobrecarga.

Por lo general, los sistemas de energía solar utilizan baterías de 12 voltios, sin embargo, los paneles solares pueden suministrar mucho más voltaje del que se necesita para cargar las baterías.

En esencia, al convertir el exceso de voltaje en amperios, el voltaje de carga se puede mantener a un nivel óptimo mientras se reduce el tiempo requerido para cargar completamente las baterías. Esto permite que el sistema de energía solar funcione de manera óptima en todo momento..

Tipos de controladores de carga:
1. ON OFF

2. PWM

3. MPPT

Intente evitar el controlador de carga ON / OFF ya que es el menos eficiente.

Entre los 3 controladores de carga, el MPPT tiene la mayor eficiencia, pero también es costoso. Así que puedes usar PWM o MPPT.

Clasificación del controlador de carga:

Dado que nuestro sistema tiene una capacidad nominal de 12 V, el controlador de carga también es de 12 V.

Clasificación de corriente = Salida de potencia de los paneles / Voltaje = 125 W / 12V = 10.4 A

Así que elija un controlador de carga de 12 V y más de 10.4 A.

5. 8.4Selección del inversor

Ejemplo de un inversor

Los paneles solares (PV) reciben los rayos del sol y los convierten en electricidad llamada corriente continua (CC). Luego, la CC se convierte en corriente alterna (CA) a través de un dispositivo llamado inversor. La electricidad de CA fluye a través de cada salida de su hogar, alimentando los electrodomésticos.

Tipos de inversores

1. onda cuadrada

2. Onda sinusoidal modificada

3. Onda sinusoidal pura

Los inversores de onda cuadrada son los más baratos pero no adecuados para todos los aparatos. La salida de onda sinusoidal modificada tampoco es adecuada para ciertos aparatos, en particular aquellos con dispositivos capacitivos y electromagnéticos, como: un refrigerador, un horno de microondas y la mayoría de los motores. Los inversores de onda sinusoidal modificados normalmente funcionan con menos eficiencia que los inversores de onda sinusoidal pura.

Así que en mi opinión, elija un inversor de onda sinusoidal pura.

Puede ser un empate de rejilla o estar solo. En nuestro caso, obviamente es independiente y completamente fuera de la red.

Clasificación del inversor:

La potencia nominal debe ser igual o mayor que la carga total en vatios en cualquier momento.

En nuestro caso, la carga máxima en cualquier instante = Tv (50W) + Ventilador (80W) + CFL (11W) = 141W

Al tomar un margen podemos elegir un inversor de 200W.

Como nuestro sistema es de 12 V, tenemos que seleccionar un inversor de onda sinusoidal de 12 VCC a 230 V / 50 Hz o 110 V / 60 Hz CA.

Nota: Es probable que los aparatos como la nevera, el secador de pelo, la aspiradora, la lavadora, etc. tengan un consumo de energía de arranque varias veces mayor que su potencia de trabajo normal (normalmente, esto se debe a motores eléctricos o condensadores en tales aparatos). Esto debe tenerse en cuenta al elegir el tamaño correcto de inversor.

Energy, O., Energy, O., &», M. (2018). DIY OFF GRID SOLAR SYSTEM. Retrieved from https://www.instructables.com/id/DIY-OFF-GRID-SOLAR-SYSTEM/

5. 8.5Montaje del panel solar

Después de diseñar el sistema solar, compre todos los componentes con la calificación adecuada de acuerdo con los pasos anteriores.

Ahora es el momento de montar el panel solar. Primero elija una ubicación adecuada en la parte superior del techo, o en el suelo, donde no haya obstrucciones de la luz solar.

Prepare el soporte de montaje: Puede hacerlo por su cuenta o comprar uno. En mi caso, tomé el dibujo de la compañía de paneles solares y lo hice en un taller de soldadura cercano. La inclinación del soporte es casi igual al ángulo de latitud de su

ubicación.

Hice un pequeño soporte de madera para mi panel solar de 10 vatios. Las imágenes están adjuntas, para que cualquiera pueda hacerlo fácilmente..

Inclinación: para aprovechar al máximo los paneles solares, debe apuntarlos en la dirección que capte la luz solar máxima, es decir, al sur si está en el hemisferio norte o al norte si está en el hemisferio sur. También tienes que optimizar el ángulo relativo al suelo. Utilice una de estas fórmulas para encontrar el mejor ángulo desde la horizontal en la que se debe inclinar el panel:

Si su latitud está por debajo de 25 °, use la latitud multiplicada por 0.87.

Si su latitud está entre 25 ° y 50 °, use la latitud, tiempos de 0.76, más 3.1 grados.

Primero, coloque el soporte de tal manera que la cara se dirija hacia el sur (o hacia el norte si está en el hemisferio sur. Marque la posición de la pata sobre el techo).

Para obtener la dirección sur / norte, use esta aplicación para Android de la brújula (o, mejor aún, ¡una brújula real y física!)

Decidí asegurar mi montaje de panel solar de 255 vatios en mi techo con concreto. Desbaste la superficie en cada pata del soporte usando un objeto afilado. Hice alrededor de una superficie rugosa de 1 pie cuadrado en el techo de cada pata. Esto es útil para perfeccionar la unión entre el techo y el concreto.

Prepare la mezcla de concreto: Tome cemento y piedras con una proporción de 1: 3 y luego agregue agua para hacer una mezcla espesa. Vierta la mezcla de concreto en cada pata del soporte. Hice una mezcla de hormigón en forma de montón para dar la máxima resistencia.

(Por supuesto, puede asegurarlo en su lugar utilizando otros métodos que no sean concretos; este es solo un ejemplo de una solución para mi situación específica)

Monte los paneles en el soporte: en la parte posterior, los paneles solares tienen orificios incorporados para el montaje. Haga coincidir los orificios del panel solar con el soporte / orificios de la plataforma y atorníllelos.

Conecte el panel solar: en la parte posterior del panel solar hay una pequeña caja de conexiones con signos positivos y negativos de polaridad. En un panel solar de gran tamaño, estas cajas de conexiones tienen cables terminales con conector MC4, pero para paneles de tamaño pequeño, debe conectar la caja de conexiones con cables externos. Siempre intente usar cable rojo y negro para la conexión de terminal positiva y negativa. Si existe una disposición para el cable de tierra, use un cable verde para el cableado de este.

Part 7: Mounting the Solar Panel |. (2018). Retrieved from http://paulshire.co.za/2015/08/17/part-7-mounting-the-solar-panel/

5. 8.6 Serie y conexión paralela

Después de calcular la capacidad de la batería y la clasificación del panel solar, debe cablearlos. En muchos casos, el tamaño del panel solar o la batería no están disponibles en forma de una sola unidad en el mercado. Por lo tanto, debe agregar un pequeño panel solar o baterías para cumplir con los requisitos de su sistema. Para coincidir con el voltaje requerido y la clasificación de corriente tenemos que usar conexiones en serie y en paralelo.

1. Conexión en serie:

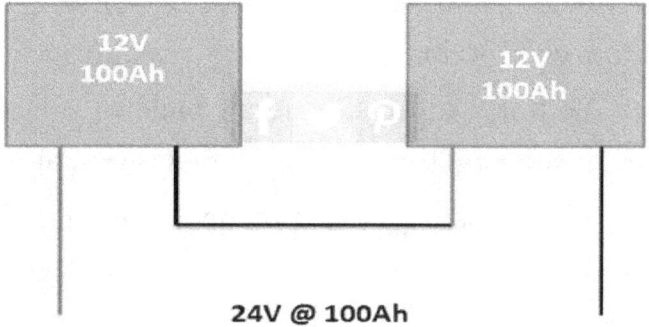

Para conectar cualquier dispositivo en serie, debe conectar el terminal positivo de un dispositivo al terminal negativo del siguiente dispositivo. El dispositivo en nuestro caso puede ser panel solar o batería.

En conexión en serie los voltajes individuales de cada dispositivo son aditivos.

Ejemplo:

Digamos que 4 baterías de 12V están conectadas en serie, y luego la combinación producirá 12 + 12 + 12 + 12 = 48 voltios.

En combinación de series la corriente o amperaje es igual.

Entonces, si estos dispositivos fueran baterías y cada batería tuviera una clasificación de 12 voltios y 100 Ah, entonces el valor total de este circuito en serie sería 48 Voltios, 100Ah. Si fueran paneles solares y cada panel solar tuviera una capacidad nominal de 17 voltios (voltaje Osc) y una potencia nominal de 5 amperios cada uno, el valor total del circuito sería 68 voltios, 5 amperios..

2. Coneccion paralela:

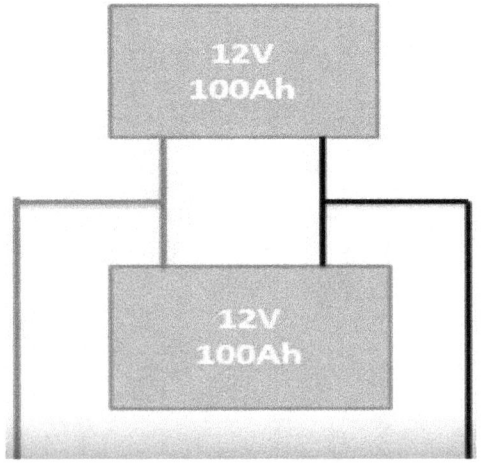

En conexión paralela, debe conectar el terminal positivo del primer dispositivo al terminal positivo del siguiente dispositivo y el terminal negativo del primer dispositivo al terminal negativo del siguiente dispositivo.

En conexión paralela, el voltaje permanece igual, pero la corriente nominal del circuito es la suma de todos los dispositivos.

Ejemplo:

Digamos que dos baterías de 12v, 100Ah están conectadas en paralelo, entonces el voltaje del sistema permanece en 12 voltios, pero la clasificación de corriente es 100 + 100 = 200Ah. Del mismo modo, si dos paneles solares de 17 V y 5 amperios se conectan en paralelo, el sistema producirá 17 voltios, 10 amperios.

System, 9., & Dutta, D. (2018). 9 Steps to Build a DIY Off-Grid Solar PV System - Walden Labs. Retrieved from https://waldenlabs.com/diy-off-grid-solar-system/

5. 8.7 Inversor y soporte de batería

Hice el soporte del inversor y la batería a continuación con la ayuda de un carpintero. El diseño fue muy útil para mí.

En la parte posterior, hice un gran orificio circular justo detrás del ventilador del inversor para obtener aire fresco desde el exterior. Más tarde cubrí el agujero con malla de plástico. También se hacen algunos agujeros pequeños para insertar los cables del panel solar, el controlador de carga y el inversor a la batería y la salida de CA a los aparatos. En ambos lados se proporcionan 3 orificios horizontales para una ventilación suficiente. Se proporciona una ventana de vidrio en la parte frontal para ver las diferentes indicaciones de los leds en el inversor.

Photo from: https://waldenlabs.com/diy-off-grid-solar-

system, 9., & Dutta, D. (2018). 9 Steps to Build a DIY Off-Grid Solar PV System - Walden Labs. Retrieved from https://waldenlabs.com/diy-off-grid-solar-system/

5. 8.8 Alambrado

El primer componente que vamos a cablear es el controlador de carga. En la parte inferior del controlador de carga hay 3 señales en mi controlador de carga.

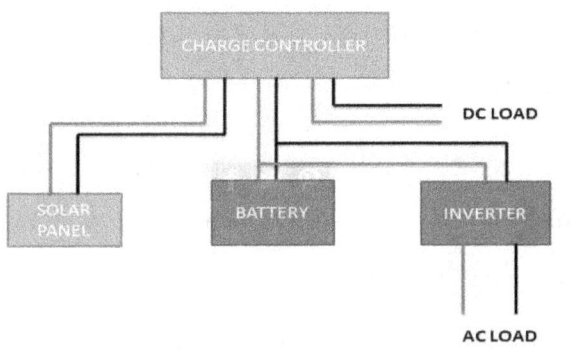

El primero desde la izquierda es para la conexión del Panel Solar que tiene signos positivos (+) y negativos (-). El segundo con signos más (+) y menos (-) es para la conexión de la batería y el último para la conexión directa de carga de CC, como las luces de CC.

Según el manual del controlador de carga, siempre conecte primero el controlador de carga a la batería, ya que esto permite que el controlador de carga se calibre para un sistema de 12V o 24V. Conecte el cable rojo (+) y negro (-) del banco de baterías al controlador de carga.

Nota: primero conecte el cable negro / negativo de la batería al terminal negativo del controlador de carga, y luego conecte el cable positivo.

Después de conectar la batería con el controlador de carga, puede ver que el indicador luminoso del controlador de carga se ilumina para indicar el nivel de la batería.

Después de conectar esto, los terminales del inversor para cargar la batería se conectan a los correspondientes terminales positivo y negativo de la

batería.

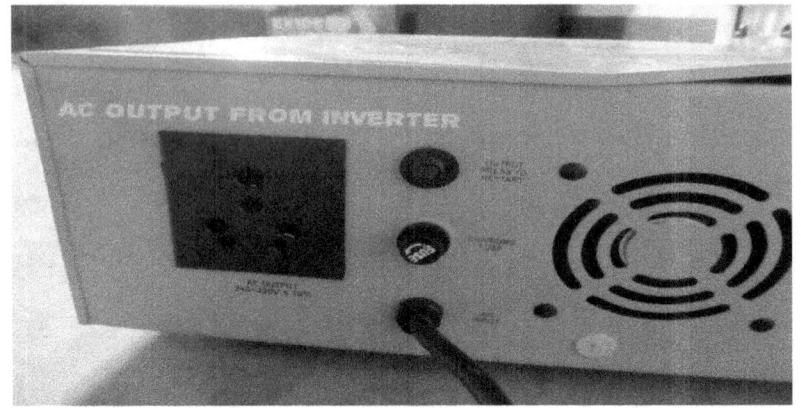

Ahora tiene que conectar el panel solar al controlador de carga. En la parte posterior del panel solar hay una pequeña caja de conexiones con 2 cables conectados con signo positivo (+) y negativo (-). Los cables terminales son normalmente más pequeños en longitud.

Para conectar el cable al controlador de carga, necesita un tipo especial de conector que comúnmente se conoce como conector MC4. Vea la imagen de abajo. Después de conectar el panel solar al controlador de carga, el indicador LED verde se

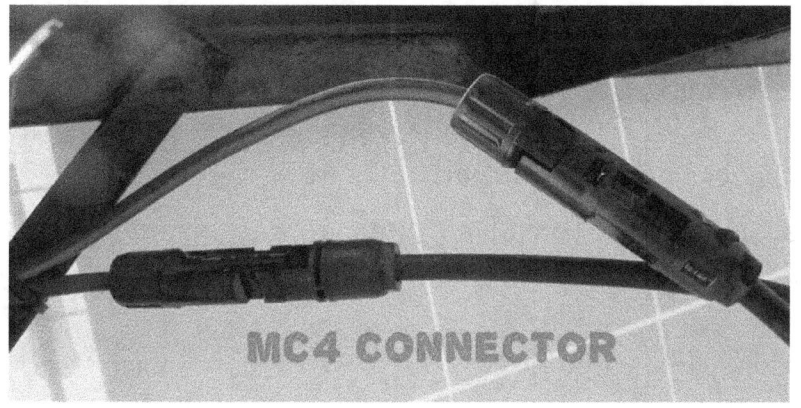

Photo from: https://waldenlabs.com/diy-off-grid-solar-system/

encenderá si hay luz solar..

Nota: siempre conecte el panel solar al controlador de carga cuando esté orientado hacia el panel alejado del sol o puede cubrir el panel con un material oscuro para evitar que el panel de control solar cargue de forma repentina una alta tensión, ya que podría dañarlo.

Seguridad: Es importante tener en cuenta que estamos tratando con corriente DC. Por lo tanto, el positivo (+) se debe conectar a positivo (+) y negativo (-) con negativo (-) desde el panel solar al controlador de carga. Si se confunde, el equipo puede romperse y incendiarse. Por lo tanto, debe tener mucho cuidado al conectar estos cables. Se recomienda utilizar cables de 2 colores, es decir, color rojo para color positivo (+) y negro para color negativo (-). Si no tiene cable rojo y negro, puede envolver cinta roja y negra en los terminales.

Conecte la carga de CC o la luz de CC como paso final.

Protección adicional: aunque el controlador de carga y el inversor tienen fusibles incorporados para protección, puede colocar interruptores y fusibles en los siguientes lugares para protección y aislamiento adicionales.

1. Entre el panel solar y el controlador de carga

2. Entre el controlador de carga y el banco de baterías

3. Entre la batería y el inversor

Después de conectar todos los componentes, el sistema solar fuera de la red está listo para su uso.

Medición y registro de datos:

Si está interesado en saber cuánta energía produce su panel solar o cuánta energía consumen sus aparatos, debe usar medidores de energía..

Además, puede controlar los diferentes parámetros en su sistema solar fuera de la red mediante el registro de datos remoto.

Energy, O., &», M. (2018). DIY OFF GRID SOLAR SYSTEM. Retrieved from
https://www.instructables.com/id/DIY-OFF-GRID-SOLAR-SYSTEM/

6 Circuit DesignGuide para convertidores DC-DC

6.1 Que es DC / DC Converter?

La forma de diseñar circuitos convertidores CC-CC que satisfagan las especificaciones requeridas bajo una variedad de restricciones se describe utilizando ejemplos concretos lo más posible. Las propiedades de los circuitos convertidores CC-CC (como la eficiencia, la ondulación y la respuesta de carga transitoria) se pueden cambiar con sus partes externas. Las partes externas óptimas dependen generalmente de las condiciones de operación (especificaciones de entrada / salida).

El circuito de la fuente de alimentación se usa a menudo como parte de los circuitos de los productos disponibles comercialmente y debe diseñarse de modo que satisfaga las limitaciones tales como el tamaño y el costo, así como las especificaciones eléctricas requeridas. Por lo general, los circuitos estándar que se enumeran en los catálogos se han diseñado seleccionando aquellas partes que pueden proporcionar propiedades razonables en las condiciones de funcionamiento estándar. Esas partes no son necesariamente óptimas en condiciones de operación individuales. Por lo tanto, al diseñar productos individuales, los circuitos estándar deben cambiarse de acuerdo con sus requisitos de especificación individuales (como eficiencia, costo, espacio de montaje, etc.).

El diseño del circuito que cumpla con los requisitos de especificación generalmente requiere mucha experiencia y pericia. En este manual, se describe qué partes se deben cambiar y cómo cambiarlas para implementar las operaciones requeridas, sin experiencia y experiencia, utilizando datos concretos. Podrás operar tus circuitos convertidores rápidamenteand successfully without performing complicated circuit calculations. You may verify your design either by carefully calculating later by yourself or having personnel with expertise and experience review for you if you feel uncertain.

LTD., T. (2018). Circuit Design Guide for DC/DC Converters (1/10) | Your analog power IC and the best power management, TOREX. Retrieved from https://www.torexsemi.com/technical-support/application-note/design-guide-for-dcdc-converter/whats-dcdc-converters/

6.2 Tipos y características de los convertidores DC-DC

Los convertidores DC-DC están disponibles en dos tipos de circuitos:

1. Tipos no aislados:

• Tipo básico (una bobina)

• Tipo de acoplamiento de capacidad (dos bobinas) − − SEPIC, Zeta, etc.

• Bomba de carga tipo (condensador conmutado / bobina menos) tipo

2. Tipos aislados:

- Tipos de acoplamiento de transformador: tipo de transformador delantero

- Tipos de acoplamiento de transformador: tipo de transformador de retorno

Las características de los tipos individuales se

	Circuit type	No. of parts (Mounting area)	Cost	Output power	Ripple
Non-Isolated	Basic	Small	Low	High	Small
	SEPIC, Zeta	Medium	Medium	Medium	Medium
	Charge pump	Small	Medium	Small	Medium
Isolated	Forward transformer	Large	High	High	Medium
	Fly-back transformer	Medium	Medium	Medium	High

muestran en la tabla a continuación.

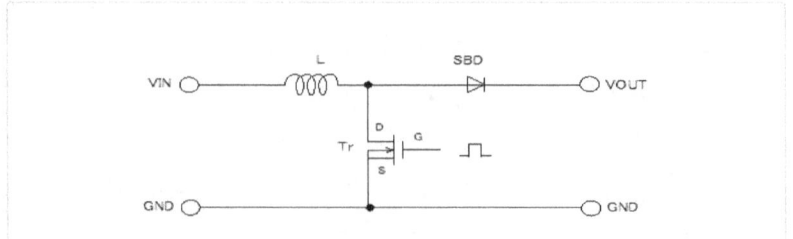

Figure 1: Step-up Circuit

Características de los circuitos convertidores
DC / DC Con el circuito de tipo básico, la operación se

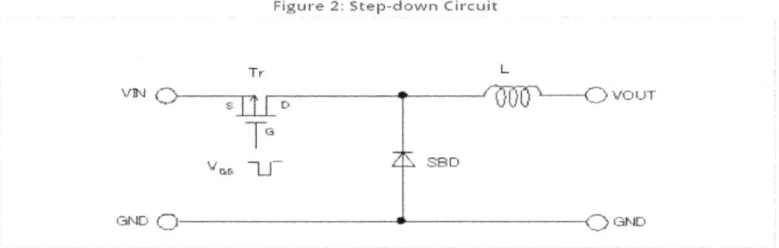

Figure 2: Step-down Circuit

limita a subir o bajar para minimizar el número de piezas, y el lado de entrada y los lados de salida no están aislados. La Figura 1 muestra un circuito de aumento y la Figura 2 muestra un circuito de reducción. Estos circuitos ofrecen ventajas tales como tamaño pequeño, bajo costo y pequeñas ondulaciones, y su demanda está aumentando de acuerdo con las necesidades de reducción de equipos..

Con SEPIC y Zeta, se inserta un capacitor entre VIN y VOUT del circuito de aumento y el circuito de reducción del tipo básico, y se agrega una sola bobina.

Se pueden configurar como convertidores de CC / CC ascendentes o descendentes mediante el uso de un IC controlador de CC / CC ascendente y un IC del controlador CC / CC descendente, respectivamente. Sin embargo, como algunos ICs de controladores de CC / CC no asumen que se usan con estos tipos de circuitos, asegúrese de que sus ICs de controladores de CC / CC se puedan usar con estos tipos de circuitos. El tipo de dos bobinas de acoplamiento de condensador tiene la ventaja de permitir el aislamiento entre VIN y VOUT. Sin embargo, el aumento de bobinas y condensadores reducirá la eficiencia. Especialmente, en el tiempo de reducción, la eficiencia se reduce sustancialmente, por lo general a alrededor del 70% al 80%.

El tipo de bomba de carga no requiere bobina, lo que permite minimizar el área de montaje y la altura. Por otro lado, este tipo no es responsable de proporcionar una alta eficiencia para las aplicaciones que necesitan una amplia variedad de potencias de salida o corrientes más grandes, y se limita a aplicaciones para la conducción de LED blancos o para la fuente de alimentación de LCD.

El circuito de tipo aislado también se conoce como la fuente de alimentación principal (fuente de alimentación principal). Este tipo se usa ampliamente para los convertidores de CA / CC que generan energía de CC principalmente de una fuente de CA disponible en el mercado (100 V a 240 V) o para las aplicaciones que requieren el aislamiento entre el lado de entrada y el lado de salida para eliminar ruidos. Con este tipo, el lado de entrada y el lado de salida se separan mediante el uso de un transformador, y la operación de aceleración, reducción o retroceso se puede controlar cambiando la relación de giro del transformador y la polaridad del diodo. Por lo tanto, puede sacar muchas fuentes de alimentación de un solo circuito de alimentación. Si se usa un transformador de retorno, el circuito puede estar compuesto por un número relativamente pequeño de piezas y puede usarse como un circuito de suministro de energía secundario (fuente de alimentación local). El transformador de retorno, sin embargo, requiere un vacío para evitar la saturación magnética en el núcleo, aumentando sus dimensiones. Si se usa un transformador de avance, se puede recuperar fácilmente una fuente de energía grande. Sin embargo, este circuito requiere un circuito de reinicio en el lado primario para evitar la magnetización del núcleo, lo que aumenta el número de piezas. Además, el lado de entrada y el lado de salida del controlador IC deben conectarse a tierra por separado.

LTD., T. (2018). Circuit Design Guide for DC/DC Converters（1/10） | Your analog power IC and the best power management, TOREX. Retrieved from https://www.torexsemi.com/technical-support/application-note/design-guide-for-dcdc-converter/whats-dcdc-converters/

6.3 Principios básicos de funcionamiento del convertidor DC-DC

Los principios operativos de intensificación y reducción en los circuitos convertidores CC-CC se describirán utilizando el tipo más básico. Los circuitos de otros tipos o aquellos que usan bobinas pueden considerarse compuestos de una combinación de circuito de aumento y circuito de reducción o sus circuitos aplicados.

La Figura 3 y la Figura 4 ilustran las operaciones de un circuito escalonado. La Figura 3 muestra el flujo de corriente cuando se enciende el FET. La línea discontinua muestra una ligera corriente de fuga que deteriorará la eficiencia en el tiempo de carga liviana.

La energía eléctrica se acumula en L mientras el FET está encendido. La Figura 4 muestra el flujo de corriente cuando el FET está apagado. Cuando se desactiva el FET, L intenta mantener el último valor actual y el borde izquierdo de la bobina se fija a la fuerza a VIN para suministrar energía para aumentar el voltaje a VOUT para una operación de incremento. Por lo tanto, si el FET se enciende durante más tiempo, se acumula una corriente eléctrica mucho mayor en L, lo que permite la recuperación de mayor potencia. Sin embargo, si el FET se enciende demasiado tiempo, el tiempo para suministrar energía al lado de salida se vuelve demasiado corto y la pérdida durante este tiempo aumenta, lo que deteriora la eficiencia de conversión. Por lo tanto, el valor de servicio máximo (relación de tiempo de encendido / apagado) generalmente se determina para mantener un valor apropiado.

Con la operación de incremento, los flujos de

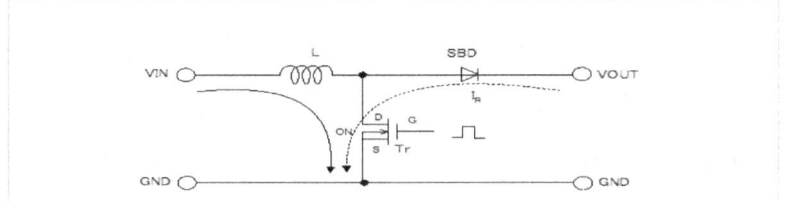

Figure 3: Current flow when the FET is turned on in a step-up circuit

corriente que se muestran en la Figura 3 y la Figura 4 se repiten:

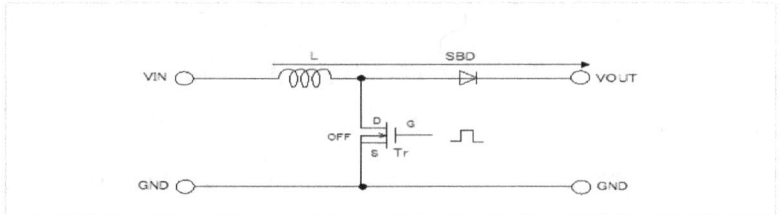

Figure 4: Current flow when the FET is turned off in a step-up circuit

La Figura 5 y la Figura 6 ilustran las operaciones de un circuito reductor. La Figura 5 muestra el flujo de corriente cuando se enciende el FET. La línea discontinua muestra una ligera corriente de fuga que deteriorará la eficiencia en la condición de carga liviana. La energía eléctrica se acumula en L mientras el FET está activado y se suministra al lado de salida. La Figura 6 muestra el flujo de corriente cuando el

FET está apagado. Cuando se desactiva el FET, L intenta mantener el último valor actual y enciende el SBD. En este momento, el voltaje en el borde izquierdo de la bobina cae a la fuerza por debajo de 0 V, lo que reduce el voltaje en VOUT. Por lo tanto, si el FET se enciende durante más tiempo, se acumula una corriente eléctrica mucho mayor en L, lo que permite la recuperación de mayor potencia. Con un circuito reductor, mientras se enciende el FET, se puede suministrar energía al lado de salida, y no es necesario determinar el servicio máximo. Por lo tanto, si el voltaje de entrada es menor que el voltaje de salida, el FET se mantiene activado. Sin embargo, como la operación de incremento está deshabilitada, el voltaje de salida también se reduce al nivel de voltaje de entrada o menos.

Con la operación de reducción, los flujos de corriente mostrados en la Figura 5 y la Figura 6 se repiten:

Operating Principles of Buck Switching Regulator | Basic Knowledge | ROHM TECH WEB: Technical Information Site of Power Supply Design. (2018). Retrieved from https://micro.rohm.com/en/techweb/knowledge/dcdc/s-dcdc/02-s-dcdc/90

Figure 5: Current flow when the FET is turned on in a step-down circuit

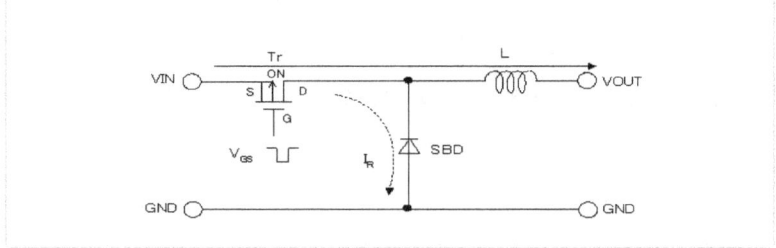

Figure 5: Current flow when the FET is turned on in a step-down circuit

Photo from: https://www.torexsemi.com/technical-support/application-note/design-guide-for-dcdc-converter/whats-dcdc-converters/

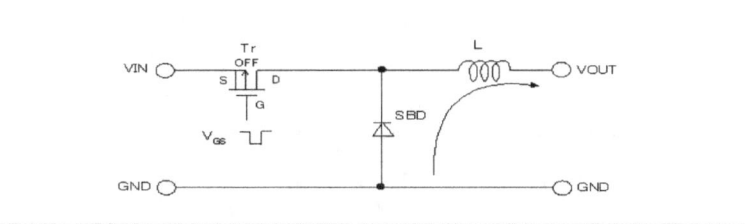

Figure 6: Current flow when the FET is turned off in a step-down circuit

Photo from: https://www.torexsemi.com/technical-support/application-note/design-guide-for-dcdc-converter/whats-dcdc-converters/

6.4 4 Puntos críticos en el diseño de circuitos convertidores DC-DC

Entre los requisitos de especificación para circuitos convertidores DC-DC, los siguientes se consideran críticos:

1. Operación estable (no debe descomponerse por un fallo de operación, como un cambio anormal, agotamiento o sobretensión)

2. Alta eficiencia

3. Ondulación de salida pequeña

4. Buena respuesta transitoria de carga.Estas propiedades se pueden mejorar hasta cierto punto cambiando el IC del convertidor DC-DC y las partes externas. Las ponderaciones de estas cuatro propiedades varían según las aplicaciones individuales. A continuación, consideremos cómo seleccionar partes individuales para mejorar estas propiedades.

6.5 Cómo seleccionar la frecuencia de conmutación

Los circuitos convertidores CC / CC tienen sus frecuencias de conmutación únicas. En general, afectan las propiedades del circuito como se muestra

Properties	Low	High
Maximum efficiency	High	Low
Output current at maximum efficiency	Light load	Heavy load
Ripple	Large	Small
Response speed	Slow	Fast

en la Tabla a continuación:

Relaciones entre la frecuencia de conmutación y las propiedades.

La Figura 7 y la Figura 8 muestran las relaciones entre las frecuencias de conmutación y las eficiencias de los modelos reductores XC9235 / XC9236 (1.2 MHz) y XC9235 / XC9236 (3 MHz), respectivamente, como ejemplos. Como ve, las influencias de la frecuencia de conmutación en la eficiencia, como se indica en la Tabla 2, son evidentes. Con dos modelos, los valores de corriente eléctrica a la máxima eficiencia son diferentes. Esto se debe a que si las frecuencias de conmutación difieren, los valores de inductancia que cumplen también difieren. Con bobinas de la misma estructura, cuanto mayor es la inductancia, mayor es la resistencia a la corriente continua, lo que aumenta la pérdida en momentos de carga pesada.

Por lo tanto, si la frecuencia de conmutación se reduce, el valor actual con la máxima eficiencia se mueve hacia el lado de carga liviana. Por el contrario, si la frecuencia de conmutación aumenta, la frecuencia de carga / descarga del FET y el aumento de la corriente de reposo única del IC: en el modelo de 3MHz, la eficiencia en la condición de carga ligera se reduce sustancialmente en comparación con el modelo de 1.2MHz. Al revisar totalmente estas influencias, podemos ver que el modelo de 1.2MHz tiene una eficiencia máxima más alta (el valor pico es más alto que el modelo de 3MHz en el gráfico) y la corriente de salida a la eficiencia máxima es pequeña (el pico está hacia la izquierda del modelo de 3 MHz en la gráfica). Además, cuando se activa el PFM, las frecuencias en el tiempo de carga ligera se reducen en ambos modelos, mejorando sustancialmente las eficiencias..

LTD., T. (2018). Circuit Design Guide for DC/DC Converters（2/10）| Your analog power IC and the best power management, TOREX. Retrieved from https://www.torexsemi.com/technical-support/application-note/design-guide-for-dcdc-converter/selecting-switching-frequency/

Figure 7: XC9235/XC9236, V_{OUT}=1.8V (with switching frequency of 1.2 MHz)

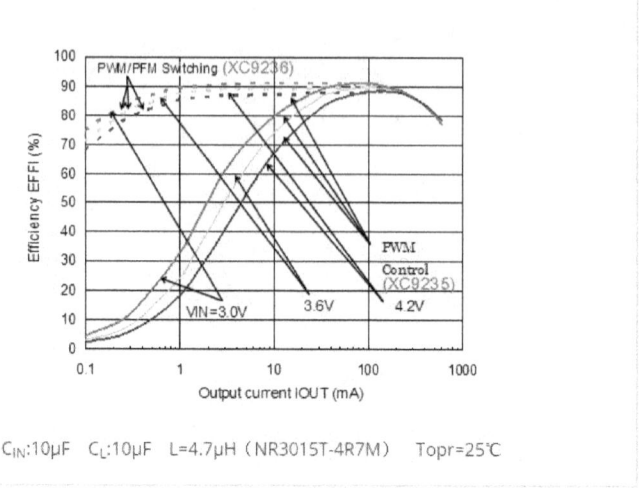

C_{IN}:10µF C_L:10µF L=4.7µH (NR3015T-4R7M) Topr=25℃

Figure 8: XC9235/XC9236, V_{OUT}=1.8V (with switching frequency of 3 MHz)

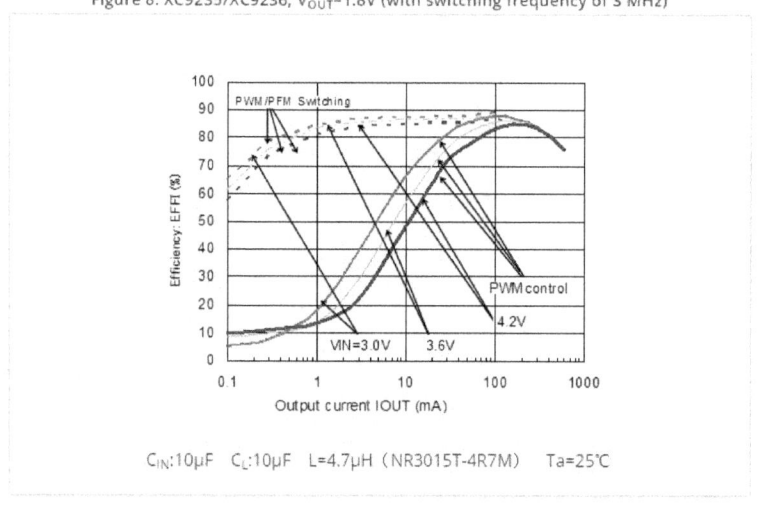

C_{IN}:10µF C_L:10µF L=4.7µH (NR3015T-4R7M) Ta=25℃

Figure 9: Test circuit for XC9235/XC9236 illustrated in. Figures 7 and 8

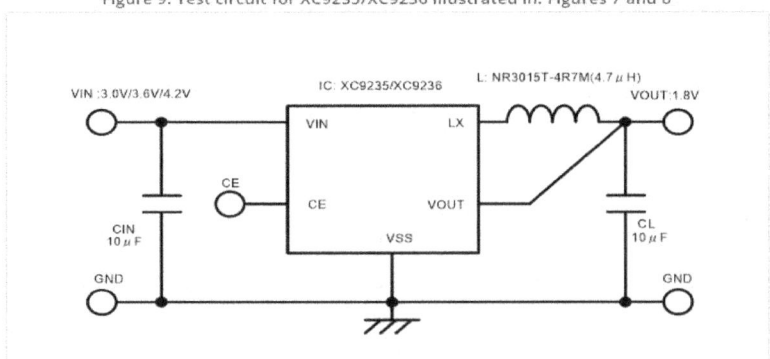

6.6 Selección del transistor de efecto de campo (FET)

Los circuitos convertidores CC / CC eficientes pueden diseñarse seleccionando los valores máximos absolutos de la tensión y la corriente que son iguales a 1,5 a 2 veces la tensión y la corriente de funcionamiento para reducir las tasas de falla contra los picos y los ruidos de impulso en el momento de la conmutación , y que minimizan las pérdidas por RDS y CISS. Si RDS y CISS son más pequeñas, las pérdidas se hacen más pequeñas. Sin embargo, los efectos de RDS y CISS se oponen entre sí. Por lo tanto, es efectivo mejorar aquel cuya pérdida es mayor que la otra.

Pérdida por CISS: la potencia se disipa en la condición de carga / descarga entre la puerta y la fuente del FET y se puede expresar con CISSVGS2f / 2. Por lo tanto, si la tensión de activación y la frecuencia de conmutación aumentan, la pérdida aumenta. Como los valores de pérdida en la condición de carga pesada y la condición de carga ligera son casi los mismos, la eficiencia en la condición de carga ligera se ve sustancialmente degradada.

Pérdida por RDS es el calor disipado por los componentes de resistencia entre el drenaje y la fuente del FET y se expresa como RDSID2. Esta pérdida aumenta cuando la carga aumenta. Por lo tanto, se puede decir que en la condición de carga ligera, minimizar la pérdida por CISS es eficaz para aumentar la eficiencia, y en la condición de carga pesada, minimizar la pérdida por RDS es eficaz.

Esto se resume en la tabla a continuación..

Items		Tips
Electric properties	R_{DS}, C_{iss}	Minimize C_{iss} to increase efficiency at the light-load time. Minimize R_{DS} to increase efficiency at the heavy-load time.
Absolute Maximum Ratings	V_{DS}	Select approx. twice the output voltage for a step-up circuit. Select approx. twice the input voltage for a step-down circuit.
	V_{GS}	Select approx. twice the supply voltage for a step-up circuit. Select approx. twice the input voltage for a step-down circuit.
	I_D	Select approx. twice the input current for a step-up circuit. Select approx. twice the output current for a step-down circuit.

Consejos para seleccionar el FET

La corriente de entrada se puede obtener por:

{Corriente de salida (carga)} x (voltaje de salida) ÷ (voltaje de entrada) ÷ (eficiencia)

Si se desconoce el valor de la eficiencia, utilice provisionalmente el 70% en el momento de la subida y el 80% en el momento de la reducción.

La Figura 10 muestra los gráficos de eficiencias medidas al reemplazar solo el FET entre las partes externas del circuito XC9220C093 (reducción) que se muestra en la Figura 11. Las especificaciones de los FET individuales que se utilizan aquí se muestran en la Tabla a continuación.

En la Figura 10, el uso de un FET (XP162A11C0) con un valor RDS pequeño permite la conducción de una gran corriente, y tiende a mejorar la eficiencia en la condición de carga pesada en cierta medida. Sin embargo, la eficiencia en el tiempo de carga liviana está sustancialmente degradada. Este resultado muestra que no es apropiado usar un FET con una capacidad de conducción de una corriente innecesariamente grande.

LTD., T. (2018). Circuit Design Guide for DC/DC Converters (For printing) | Your analog power IC and the best power management, TOREX. Retrieved from https://www.torexsemi.com/technical-support/application-note/design-guide-for-dcdc-converter/print/

Figure 10: XC9220C093 Efficiencies varied with FET

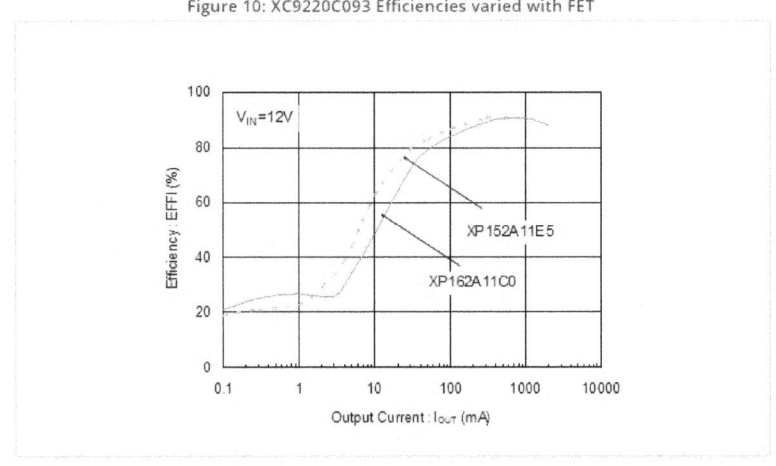

Figure 11: El circuito de prueba para XC9220C093 se muestra en la Figura 10

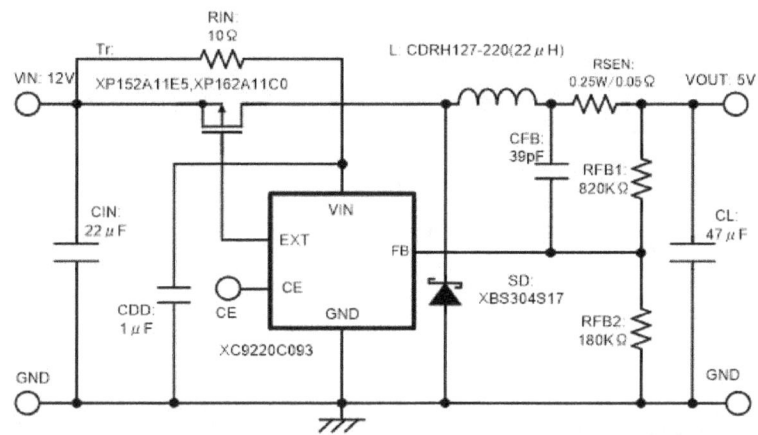

Propiedades de los FET

ANALISIS COMPARATIVO DE DIFERENTESTÉCNICAS MPPT PARA EL

Items	Electric Properties		Absolute Maximum Ratings		
	R_{DS} (mΩ)	C_{ISS} (pF)	V_{DS} (V)	V_{GS} (V)	I_D (A)
XP152A11E5	200	160	-30	±20	-0.7
XP162A11C0	110	280	-30	±20	-2.5

SISTEMA FV SOLAR

7 DIFERENTES TÉCNICAS MPPT

PARA EL SISTEMA FV SOLAR

7.1 Una visión general del seguimiento del punto de máxima potencia

Un panel solar típico convierte solo del 30 al 40 por ciento de la radiación solar incidente en energía eléctrica. La técnica de seguimiento del punto de máxima potencia se utiliza para mejorar la eficiencia del panel solar.

De acuerdo con el teorema de transferencia de potencia máxima, la potencia de salida de un circuito es máxima cuando la impedancia central del circuito (impedancia de la fuente) coincide con la impedancia de la carga. Por lo tanto, nuestro problema de seguimiento del punto de máxima potencia se reduce a un problema de adaptación de impedancia.

En el lado de la fuente, estamos usando un convertidor de refuerzo conectado a un panel solar para mejorar el voltaje de salida, de modo que se pueda usar para diferentes aplicaciones como la carga del motor. Al cambiar adecuadamente el ciclo de trabajo del convertidor elevador, podemos hacer coincidir la impedancia de la fuente con la de la impedancia de carga..

Impedance matching. (2018). Retrieved from http://en.academic.ru/dic.nsf/enwiki/191073

7.2 Different MPPT techniques

Existen diferentes técnicas utilizadas para rastrear el punto de máxima potencia. Algunas de las técnicas más populares son:

1) Perturbarse y observar (método de subir colinas)

2) Método de conductancia incremental

3) Corriente de cortocircuito fraccional

4) Tensión de circuito abierto fraccional

5) Redes neuronales

6) Lógica difusa

La elección del algoritmo depende de la complejidad del tiempo que toma el algoritmo para rastrear el MPP, el costo de implementación y la facilidad de implementación..

Maximum Power Point Tracking Technique. (2018). Retrieved from https://www.avisolar.com/post/10-quick-tips-about-blogging

7.2.1 Perturb& Observe

Perturbarse y observar (P&O) es el método más simple. En esto usamos solo un sensor, que es el sensor de voltaje, para detectar el voltaje del generador fotovoltaico y, por lo tanto, el costo de implementación es menor y, por lo tanto, fácil de implementar. La complejidad del tiempo de este algoritmo es muy inferior, pero al llegar muy cerca del MPP no se detiene en el MPP y continúa perturbándose en ambas direcciones. Cuando esto sucede, el algoritmo ha llegado muy cerca del MPP y podemos establecer un límite de error apropiado o podemos usar una función de espera que termina incrementando la complejidad del tiempo del algoritmo.

Sin embargo, el método no tiene en cuenta el cambio rápido del nivel de irradiación (debido a los cambios de MPPT) y lo considera como un cambio en el MPP debido a la perturbación y termina calculando el MPP incorrecto. Para evitar este problema podemos utilizar el método de conductancia incremental..

Maximum power point tracking thesis proposal. (2018). Retrieved from https://ihelptostudy.com/maximum-power-point-tracking-thesis-proposal.html

7.2.2 Conductancia Incremental

El método de conductancia incremental utiliza dos sensores de voltaje y corriente para detectar el voltaje de salida y la corriente del conjunto fotovoltaico.

En MPP la pendiente de la curva PV es 0.

$$\text{MPP } \left(\frac{dP}{dV}\right) = \frac{d(VI)}{dV} \qquad (7.1)$$

$$0 = I + \frac{VdI}{dVMPP} \qquad (7.2)$$

$$dI/dVMPP = -I/V \qquad (7.3)$$

El lado izquierdo es la conductancia instantánea del panel solar. Cuando esta conductancia instantánea es igual a la conductancia de la energía solar, entonces se alcanza el MPP.

Aquí estamos detectando el voltaje y la corriente simultáneamente. De ahí que se elimine el error por cambio de irradiancia. Sin embargo la complejidad y el costo de implementación aumentan.

A medida que avanzamos en la lista de algoritmos, la complejidad y el costo de la implementación aumentan, lo que puede ser adecuado para un sistema altamente complicado. Esta es la razón por la cual los algoritmos más utilizados son el método de perturbación y observación y la conductancia incremental.

Debido a su simplicidad de implementación, hemos elegido el algoritmo de Perturbación y Observación para nuestro estudio entre los dos.

COMPARATIVE STUDY AND IMPLEMENTATION OF INCREMENTAL CONDUCTANCE METHOD AND PERTURB AND OBSERVE METHOD WITH BUCK CONVERTER BY USING ARDUINO - PDF. (2018). Retrieved from https://hobbydocbox.com/Radio/69245364-Comparative-study-and-implementation-of-incremental-conductance-method-and-perturb-and-observe-method-with-buck-converter-by-using-arduino.html

7.2.3 Tensión de circuito abierto fraccional

La relación casi lineal entre VMPP y VOC de la matriz de PV, bajo niveles de irradiancia y temperatura variables, ha dado lugar al método de VOC fraccional.

$$VMPP = k_1\, Voc \qquad (7.4)$$

Donde k1 es una constante de proporcionalidad, ya que k1 depende de las características de la matriz fotovoltaica que se está utilizando, generalmente debe calcularse de antemano determinando empíricamente VMPP y VOC para la matriz fotovoltaica específica a diferentes niveles de irradiancia y temperatura. El factor k1 se ha reportado entre 0.71 y 0.78. Una vez que se conoce k1, el VMPP se puede calcular con VOC medido periódicamente apagando momentáneamente el convertidor de potencia. Sin embargo, esto conlleva algunas desventajas, incluida la pérdida temporal de energía..

International Journal of Advance Engineering and Research Development. A Study on Maximum Power Point Tracking Algorithms for Photovoltaic Systems - PDF. (2018). Retrieved from https://hobbydocbox.com/Radio/77030092-International-journal-of-advance-engineering-and-research-development-a-study-on-maximum-power-point-tracking-algorithms-for-photovoltaic-systems.html

7.2.4 Corriente de cortocircuito fraccional

El ISC fraccional resulta del hecho de que, bajo condiciones atmosféricas variables, el IMPP está relacionado de manera aproximadamente lineal con el ISC del conjunto fotovoltaico.

IMPP = k2 Isc (7.5)

Donde k2 es una constante de proporcionalidad. Al igual que en la técnica de COV fraccional, k2 debe determinarse de acuerdo con el conjunto de PV en uso. La constante k2 se encuentra generalmente entre 0,78 y 0,92. Medir el ISC durante la operación es problemático. Por lo general, se debe agregar un interruptor adicional al convertidor de energía para acortar periódicamente el conjunto fotovoltaico para que el ISC pueda medirse utilizando un sensor de corriente.

International Journal of Advance Engineering and Research Development. A Study on Maximum Power Point Tracking Algorithms for Photovoltaic Systems - PDF. (2018). Retrieved from https://hobbydocbox.com/Radio/77030092-International-journal-of-advance-engineering-and-research-development-a-study-on-maximum-power-point-tracking-algorithms-for-photovoltaic-systems.html

7.2.5 Control de lógica difusa

Los microcontroladores han hecho que el control de lógica difusa sea popular para MPPT en la última década. Los controladores de lógica difusa tienen las ventajas de trabajar con entradas imprecisas, no necesitan un modelo matemático preciso y manejan la no linealidad.

7.2.6 Red neuronal

Otra técnica de implementación de MPPT que también está bien adaptada para microcontroladores son las redes neuronales. Las redes neuronales comúnmente tienen tres capas: capas de entrada, ocultas y de salida. Los nodos numéricos en cada capa varían y dependen del usuario. Las variables de entrada pueden ser parámetros de la matriz FV como VOC e ISC, datos atmosféricos como la irradiancia y la temperatura, o cualquier combinación de estos. La salida suele ser una o varias señales de referencia, como una señal de ciclo de trabajo que se usa para impulsar el convertidor de potencia para que funcione en o cerca del MPP..

International Journal of Advance Engineering and Research Development. A Study on Maximum Power Point Tracking Algorithms for Photovoltaic Systems - PDF. (2018). Retrieved from https://hobbydocbox.com/Radio/77030092-International-journal-of-advance-engineering-and-research-development-a-study-on-maximum-power-point-tracking-algorithms-for-photovoltaic-systems.html

Características de las diferentes técnicas de MPPT.7.3 Algoritmo de perturbación y observación

El algoritmo de Perturbación y Observación indica que cuando la tensión de funcionamiento del panel fotovoltaico se ve perturbada por un pequeño incremento, si el cambio resultante en la potencia ΔP es positivo, entonces vamos en la dirección de MPP y seguimos

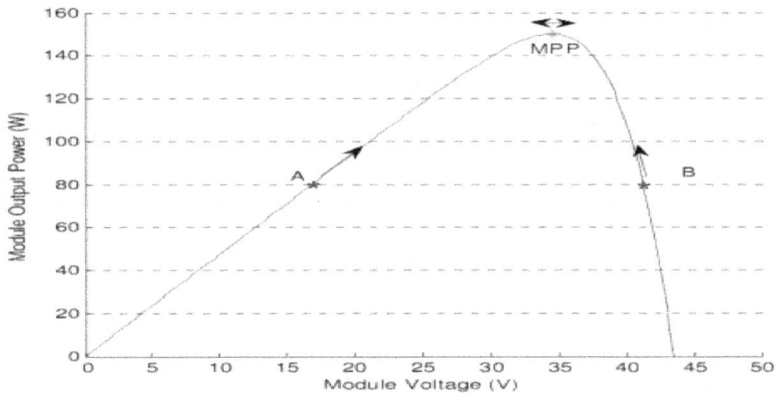

perturbando en la misma dirección . Si ΔP es negativo, nos estamos alejando de la dirección del MPP y el signo de perturbación suministrado debe cambiarse.

Características del panel solar que muestran MPP y puntos de operación A y BLa figura anterior muestra el gráfico de la potencia de salida del módulo en función del voltaje del módulo para un panel solar a una irradiación determinada. El punto marcado como MPP es el punto de máxima potencia, la salida máxima teórica que se puede obtener del panel fotovoltaico. Considerando A y B como dos puntos operativos, como se muestra en la figura anterior, el punto A se encuentra en el lado izquierdo del MPP. Por lo tanto, podemos avanzar hacia el MPP al proporcionar una perturbación positiva a la tensión. Por otro lado, el punto B está en el lado derecho del MPP. Cuando damos una perturbación positiva, el valor de ΔP se vuelve negativo, por lo que es imperativo cambiar la dirección de la perturbación para lograr la MPP. El diagrama de flujo para el algoritmo P&O se muestra en la Figura a continuación.

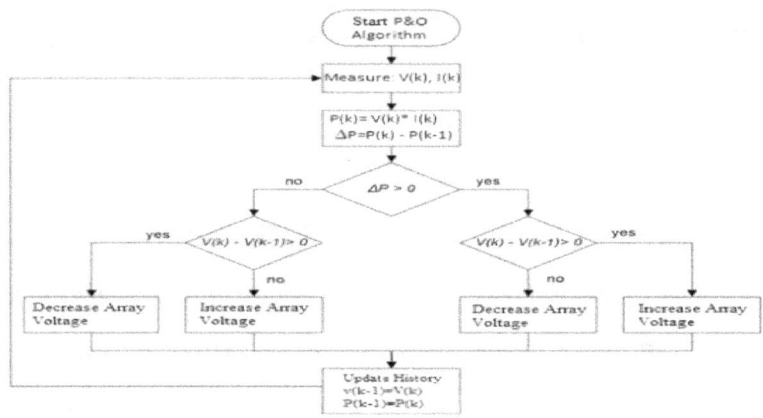

Perturb & observe	Varies	Low	No	Voltage
Incremental conductance	Varies	Medium	No	Voltage, current
Fractional V_{oc}	Medium	Low	Yes	Voltage
Fractional I_{sc}	Medium	Medium	Yes	Current
Fuzzy logic control	Fast	High	Yes	Varies
Neural network	Fast	High	Yes	Varies

Diagrama de flujo del algoritmo de perturbación y observación

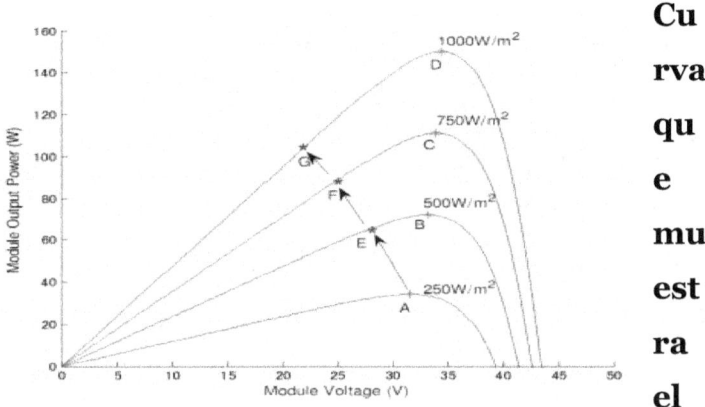

Curva que muestra el seguimiento incorrecto de MPP por el algoritmo P&O bajo irradiación que varía rápidamente

En una situación en la que la irradiancia cambia rápidamente, el MPP también se mueve en el lado derecho de la curva. El algoritmo lo toma como un cambio debido a la perturbación y en la siguiente iteración cambia la dirección de la perturbación y, por lo tanto, se aleja del MPP como se muestra en la figura. Sin embargo, en este algoritmo usamos solo un sensor, es decir, el sensor de voltaje, para detectar el voltaje del generador fotovoltaico y, por lo tanto, el costo de implementación es menor y, por lo tanto, fácil de implementar. La complejidad del tiempo de este algoritmo es muy baja, pero al llegar muy cerca del MPP, no se detiene en el MPP y sigue perturbándose en ambas direcciones. Cuando esto sucede, el algoritmo ha llegado muy cerca del MPP y podemos establecer un límite de error apropiado o podemos usar una función de espera que termina incrementando la complejidad del tiempo del algoritmo..

Perturbing. (2018). Retrieved from https://legal-dictionary.thefreedictionary.com/perturbing

7.5 Implementación de MPPT utilizando un convertidor boost

El sistema utiliza un convertidor de refuerzo para obtener usos más prácticos del panel solar. La salida de bajo voltaje inicialmente se incrementa a un nivel más alto usando el convertidor boost, aunque el uso del convertidor tiende a introducir pérdidas de conmutación. El diagrama de bloques que se muestra en la Figura a continuación brinda una descripción general de la implementación requerida.

What is a Voltage Regulator? | EAGLE | Blog. (2018). Retrieved from
https://www.autodesk.com/products/eagle/blog/what-is-a-voltage-regulator/

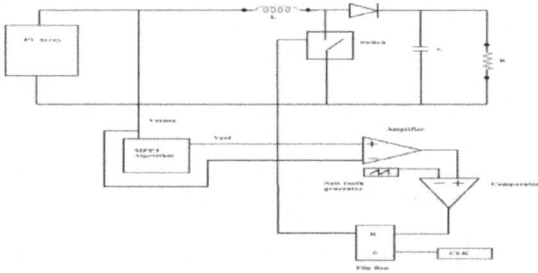

Implementación requerida para el sistema MPPT

8

Dimensionamiento del sistema

solar

Existen dos formas básicas en que las personas determinan el tamaño y las características específicas del sistema solar que necesitarán (tamaño del sistema solar)).

8.1 Método 1:

El método de "Hacer algo ahora, agregar algo más tarde"

Algunas personas manejan el tamaño del sistema de energía solar al avanzar y primero construyen un buen sistema solar de tamaño estándar (como uno de los sistemas que le mostramos cómo construir en este sitio en el cableado de paneles solares), implementándolo en su casa y luego usando cualquier energía solar. energía que obtienen de ella junto con electricidad de la compañía eléctrica.

Estas personas también pueden agregar más paneles solares a su sistema en el futuro y aumentar su producción de energía solar gradualmente a medida que sus fondos lo permitan. Por lo general, generan menos energía de la que necesitarán y "aprenden a lo largo del camino" (a través de su uso real) cuánto más energía necesitarán. Este método de dimensionamiento del sistema solar pv es algo así como "tocarlo de oído".

Con el tiempo, pueden construir sus sistemas para proporcionar toda la energía que necesitan e incluso, eventualmente, no usar energía de su compañía de servicios públicos.

Este es un enfoque muy común (para el dimensionamiento del sistema solar) para quienes lo hacen, ya que les permite meterse en la "puerta solar" y comenzar a beneficiarse de la energía solar, rápidamente, con el menor costo y sin demasiado gasto. planificación tediosa.

8.2 Método 2:

El método "Haz lo suficiente para todas tus necesidades ahora"

La otra forma en que las personas determinan el tamaño del sistema solar que necesitarán (el tamaño del sistema de energía solar fotovoltaica) es determinar exactamente cuánta energía consume su hogar y luego construir un sistema fotovoltaico que pueda manejar esa carga.

Tenga en cuenta que incluso si decide comenzar poco a poco y construir a lo largo del tiempo, todavía debe averiguar qué sistema de tamaño necesitará su hogar para todas sus necesidades energéticas, de modo que tenga una buena idea general del sistema de tamaño por el que finalmente se esforzará.

La determinación de este cálculo requiere que haga una investigación dentro y alrededor de su propia casa. Más específicamente, deberá verificar el uso de kilovatios en su factura eléctrica y medir la luz solar disponible en su área.

A partir de estos cálculos, puede determinar cuántos vatios tendrá que tener el sistema solar que usted construye para satisfacer todas las necesidades energéticas de su hogar.

Davison, A. (2018). Solar System Sizing - How To Size a Solar Power Pv System. Retrieved from http://www.altenergy.org/renewables/solar/DIY/solar-system-sizing.html

8.3 Comprender cuántos vatios, voltios y amperios necesitará para sus electrodomésticos.

Independientemente de si decide hacer que un sistema fotovoltaico sea lo suficientemente grande para satisfacer todas o solo algunas de sus necesidades de energía, todavía necesitará al menos entender cuántos vatios, voltios y amperios producirá y si será suficiente para todos (o algunos) de sus dispositivos específicos y las necesidades de capacidad de almacenamiento de energía.

Esta es una parte importante del proceso de dimensionamiento del sistema solar, especialmente si va a agregar energía solar a medida que avanza (con el tiempo).

Tendrá que hacerse algunas preguntas básicas relacionadas con el tamaño del sistema solar pv como:

- ¿Cuántos vatios necesitaré para mi uso específico de energía?

- ¿Cuántos voltios debe producir mi sistema para mis aparatos específicos?

- ¿Cuántos amperios necesito para poder producir energía solar lo suficientemente rápido para mis necesidades de uso??

Davison, A. (2018). Solar System Sizing - How To Size a Solar Power Pv System. Retrieved from http://www.altenergy.org/renewables/solar/DIY/solar-system-sizing.html

8.3.1 ¿Cuántos vatios necesitaré para mi uso específico de energía?

Los vatios representan la cantidad de energía producida o utilizada. Piense en ello como su "reserva de energía".

Cuando se trata del tamaño del sistema pv, debe asegurarse de tener suficientes vatios para alimentar todos sus dispositivos específicos.

A veces, los vatios requeridos para ciertos aparatos son más de los que puede tener directamente disponibles o almacenados. Por ejemplo, intentar alimentar un refrigerador con un sistema fotovoltaico que produce muy poca energía (vatios) por hora o con un banco de baterías que tiene muy poca energía (vatios) almacenada.

Aumentar o disminuir los vatios que su sistema puede producir y almacenar se logra agregando más paneles solares y baterías a su sistema fotovoltaico. Agrega más paneles para hacer más poder. Agregue más baterías para almacenar más energía.

Entonces, digamos que quiere alimentar una computadora portátil con su sistema solar.

Debe verificar la clasificación de vatios de su computadora portátil (marque la etiqueta en la parte posterior de la computadora y multiplique los voltios x amperios para obtener los vatios).

Si su computadora portátil tiene una potencia de 72 vatios, esto significa que necesita 72 vatios de potencia por hora para funcionar. Por lo tanto, su sistema solar también debe poder producir o proporcionar desde el banco de baterías hasta 72 vatios o más por hora para tener suficiente jugo para alimentar la computadora portátil..

Davison, A. (2018). Solar System Sizing - How To Size a Solar Power Pv System. Retrieved from http://www.altenergy.org/renewables/solar/DIY/solar-system-sizing.html

8.3.1. Determinar el uso diario, semanal o mensual de vatios.

Entonces, ¿cómo determina el uso de vatios durante todo el mes, la semana o el día?

La respuesta es: tienes que calcular los vatios-hora..

- **Watt horas / Kilovatios hora**

Las horas en vatios / kilovatios son la medida utilizada por su compañía eléctrica para cobrarle en su factura. Representa el número de vatios consumidos multiplicado por el número de horas que lo consumes. Un vatio por hora equivale a consumir un vatio de potencia por hora..

Vatios por hora = # de vatios consumidosx # de horas

Un kilovatio es igual a 1000 vatios. Es solo otra manera de decir 1000 vatios, solo que se ve más limpio y tiene menos volumen en su factura de servicios públicos. Entonces, un kilovatio por hora equivale a consumir 1000 vatios de potencia durante una hora.

Para calcular la cantidad de vatios / kilovatios que consume un aparato específico (y, por lo tanto, necesitará que su sistema solar produzca), necesita encontrar dos datos..

1. La clasificación de vatios de los aparatos que utilizará.

2. ¿Y cuánto tiempo usas cada aparato?.

Vatios

Entonces, si durante el período de tiempo de 1 día, usó su computadora portátil de 72 vatios durante 4 horas, habría usado 72w x 4hrs = 288 vatios-hora (eso no es ni un kilovatio), por lo tanto, la cantidad de vatios que tendría que ser fácilmente El banco de baterías de su sistema solar estará disponible en 288 vatios durante todo el día.

Para calcular la cantidad total de vatios que consume para todos sus electrodomésticos o un grupo específico de electrodomésticos, tendría que ir a todos esos electrodomésticos, obtener la potencia de vatios de cada uno y multiplicarlos por el número de horas que normalmente usaría Ese aparato para.

Luego sume todos los totales y sabrá aproximadamente cuántos vatios / kilovatios de energía necesita su sistema solar para poder producir y acomodar esos aparatos durante el período de tiempo que especifique (mes / semana / día).

Como puede ver, su potencial diario de energía solar depende en gran medida de la cantidad de vatios que pueda capturar y almacenar durante las horas del día.

Si su sistema solar tiene una potencia total de 300 vatios, esto significa que lo máximo que su sistema puede producir es de 300 vatios de potencia por cada hora en que sus paneles solares se encuentren en condiciones óptimas de luz solar, pero este número puede ser mucho menor si la luz solar no es óptima. condiciones

Dependiendo del tamaño de su sistema y de cuántas horas de luz solar tenga disponible durante el día, puede producir y almacenar energía en su banco de baterías durante todo el día y utilizarlo cuando lo necesite.

Con nuestro ejemplo de sistema de 300 vatios anterior, si tuviera 6 horas de luz solar óptima por día, podría almacenar 300 vatios x 6 = 1800 vatios por día. Eso es mucho más que suficiente para alimentar su computadora portátil, que solo requiere 288 vatios por 4 horas de uso (o 72 vatios por hora).

Siempre revise su propia electrónica o electrodomésticos para ver cuál es el vataje correcto, pero solo para darle una idea de qué esperar, aquí hay algunos vatios comunes para algunos electrodomésticos comunes.:

- Radio despertador: 10 vatios.

- Reproductor de DVD: 40 vatios.

- SmallTV: 54 vatios

- Bombilla: 60 vatios.

- Computadora portátil: 72 vatios.

- Ventilador de techo: 120 vatios.

- TV LCD: 200 vatios

- Batidora de mano: 350 vatios.

- Refrigerador: 500 vatios.

- Cafetera: 800 vatios.

- Tostadora: 1000 vatios.

- Horno de microondas: 1000 vatios.

- Placa caliente: 1100 vatios.

- Sierra mecánica: 1350 vatios.

- Aspiradora: 1600 vatios.

Aunque algunos aparatos, como la placa calefactora, pueden parecer tener una clasificación de vatios superior a la normal en comparación con un televisor, estos se suelen utilizar durante períodos de tiempo más pequeños, por lo que el vataje general utilizado se equilibra y no es tan grande como podría pensar.

Básicamente, cuanto más vatios tenga su sistema solar, más energía podrá producir y almacenar en su banco de baterías para usar cuando lo desee..

Davison, A. (2018). Solar System Sizing - How To Size a Solar Power Pv System. Retrieved from http://www.altenergy.org/renewables/solar/DIY/solar-system-sizing.html

8.3.2 ¿Cuántos voltios debe producir mi sistema para mis aparatos específicos??

Los voltios representan la presión del flujo eléctrico (el empuje).

Cuando se trata del tamaño del sistema pv, debe asegurarse de tener suficientes voltios en su sistema para alimentar sus aparatos específicos (que también tienen un voltaje nominal).

Si está operando un aparato con una clasificación de alto voltaje, necesitará que su sistema / banco de baterías tenga ese mismo voltaje (en realidad un poco más alto) para suministrarle suficiente energía para que funcione.

Aumentar o disminuir el voltaje se logra a través de la disposición / cableado de sus paneles solares y su banco de baterías.

Así que digamos que quieres alimentar tu computadora portátil con tu sistema solar.

Voltios

Tienes que comprobar su voltaje nominal. Esto debe estar en una etiqueta adhesiva ubicada en la parte inferior de la computadora.

Si su computadora tiene una potencia nominal de 24 voltios, entonces su sistema solar también debe ser capaz de producir hasta 24 voltios o más para alimentar ese dispositivo.

Está bien alimentar un dispositivo clasificado con un voltaje más bajo con un sistema que produce un voltaje más alto, pero si lo intentara al revés no tendría suficiente "empuje" para alimentar los aparatos de alto voltaje.

Las diferentes clasificaciones de voltaje son: 12 voltios, 24 voltios, 48 voltios, 120 voltios y 240 voltios.

Si su sistema solar tiene una potencia nominal de 36 voltios, podrá alimentar electrodomésticos de hasta 24 voltios, pero no 48 voltios, 120 voltios o 240 voltios. Si su sistema solar tiene una potencia de 54 voltios, podrá alimentar electrodomésticos de hasta 48 voltios, pero no 120 voltios y 240 voltios. Si su sistema solar tiene una potencia nominal de 126 voltios, podrá alimentar electrodomésticos de hasta 120 voltios, pero no de 240 voltios. Si su sistema solar tiene una potencia nominal de 252 voltios, podrá alimentar electrodomésticos de hasta 240 voltios.

Siempre revise su propia electrónica o electrodomésticos para ver la clasificación de voltios correcta, pero solo para darle una idea de qué esperar, aquí hay algunas clasificaciones de voltaje comunes para algunos electrodomésticos comunes.:

- Enchufe el elemento del quemador (placa caliente): 12 voltios

- Radio reloj: 12 voltios.

- Lámpara: 12 o 24 voltios.

- Computadora portátil: 24 voltios.

- Unidad de contratista AC: 24 voltios.

- TV LCD: 120 voltios

- Horno de sobremesa: 120 voltios.

- Calentador de agua: 240 voltios.

- Secadora: 240 voltios.

- Horno: 240 voltios.

Básicamente, cuanto más voltios tiene su sistema solar, más variedades de aparatos de alto voltaje puede alimentar con él, siempre que tenga los vatios para suministrar la energía. No se preocupe, le mostramos la mejor forma de equilibrar todo en la siguiente sección de este sitio web.

Sin embargo, una forma de solucionar esto es usar (o comprar) aparatos con niveles de voltaje bajos. Imagine cuánto dinero ahorraría si comprara algunos de los electrodomésticos de su hogar en la tienda de caravanas y caravanas. Es posible que se sorprenda de lo que está disponible en clasificaciones de voltaje muy bajo.

Davison, A. (2018). Solar System Sizing - How To Size a Solar Power Pv System. Retrieved from http://www.altenergy.org/renewables/solar/DIY/solar-system-sizing.html

8.3.3 ¿Cuántos amperios necesito para poder producir energía solar lo suficientemente rápido para mis necesidades de uso?

Los amperios representan la intensidad (y la cantidad) de la corriente y, por lo tanto, determinan el tamaño del cable necesario.

Cuando se trata del tamaño del sistema pv, debe asegurarse de tener suficientes amperios para generar / almacenar energía tan rápido como (o más rápido que) lo usa. Y también debe asegurarse de tener el cable del tamaño correcto para manejar la corriente.

Entonces, si el sistema solar que construyes tiene un total de 7 amperios, entonces necesitarás comprar un cable de 7 amperios. En realidad, para estar seguro, debes comprar un cable de 8 o 9 amperios, solo para que sepas que puede manejar la corriente.

Cuantos más amplificadores tenga su sistema, más rápido podrá generar / almacenar energía y, por lo tanto, más energía tendrá disponible para usar, es decir, si tiene suficientes baterías para almacenarla.

Cuando aumentas los amplificadores de tu sistema solar, es como si estuvieras usando literalmente un cable más grande que permite más potencia a la vez.

Si tiene suficientes amperios y baterías, puede aumentar su capacidad de producción y almacenamiento para que nunca se quede sin energía solar.

Aumentar o disminuir los amperios se logra a través de la disposición / cableado de sus paneles solares. También necesitarás más baterías para almacenar la energía extra..

Amperios

Entonces, digamos que necesitaba que su sistema solar produjera energía súper rápido porque tenía una gran necesidad de energía y quería aprovechar la gran capacidad de su enorme banco de baterías al recargarlo más rápido después de su uso.

Para hacer esto, necesitaría organizar los paneles en su sistema solar para aumentar el amperaje total. No se preocupe, le mostramos cómo hacer esto (mientras se equilibra mejor todo lo demás) en la siguiente sección de este sitio web. Pero primero aprendamos sobre las "horas de amplificación" y cómo afectan a nuestro sistema solar.

Horas en Amperios

Las horas en amperios representan la cantidad de corriente eléctrica que puede fluir por hora, por lo que si su batería tiene 105 horas por amperio, esto significa que puede cargarla para producir un total de 105 amperios durante una hora.

Esto tiene la intención de brindarle una indicación de la capacidad de almacenamiento de la batería y el tiempo de descarga de la batería.

Cuantas más horas de amplificador tenga en su banco de baterías, más tiempo tardará en agotarse su reserva total de energía.

Davison, A. (2018). Solar System Sizing - How To Size a Solar Power Pv System. Retrieved from http://www.altenergy.org/renewables/solar/DIY/solar-system-sizing.html

8.4 Estimación de sus demandas de energía - Convertir a amperios

Convertir vatios a amperios

Debe tener una buena idea de cuánta electricidad se requiere antes de poder decidir sobre el tamaño apropiado de su matriz de paneles solares y el tamaño de los cables y el banco de baterías.

Hay tres pasos simples para determinar la carga diaria promedio:

1. Seleccione qué luces y aparatos serán utilizados.

2. Averigua cuántos amperios o vatios consume cada uno.

3. Calcule cuántas horas al día (en promedio) se usará cada aparato.

Dado que el tamaño de su banco de baterías se calcula en amperios-hora y el medidor en su caja de distribución / medidor mide la potencia que recibe su sistema de carga en amperios, tiene sentido convertir vatios en amperios. Te voy a dar algunos ejemplos:

- Tiene un radio portátil de 12 voltios y un reproductor de casetes que tiene una etiqueta en la parte posterior que dice 12 voltios, 0,2 amperios. No necesita calcular nada para esto, ya que el consumo actual ya está dado en amperios a 12 voltios.

- Quieres usar una bombilla de 12 voltios y 20 vatios. Para hacer funcionar los amplificadores, simplemente divide 20 vatios por 12 voltios y obtienes 1.67 amperios.

- Usted tiene un extractor de jugo de 230 voltios nominal de 300 vatios. Si tiene un inversor de estado sólido con una potencia de 400 vatios, puede esperar una eficiencia del 85%. Entonces, para hacer funcionar los amplificadores a 12 voltios, divida 300 vatios por 12 voltios y obtenga 25 amperios; Además de eso, tiene la eficiencia del inversor para agregar a esa cifra. Divide 25 por 0.85 (85%) y obtendrás unos 30 amperios.

- Tienes un televisor a color de 230 voltios que no tiene una potencia de vatios pero sí una clasificación de amperios. Las cifras que da son 230 voltios, 50 hertzios, 0.3 amperios. Esta cifra de uso de amperios es el consumo de energía a 230 voltios. Dado que los amperios por voltios equivalen a vatios, esto funciona a 69 vatios (230 por 0.3). Ahora para calcular los amplificadores a 12 voltios, divida 69 vatios por

12 voltios y obtenga 5.75 amperios. Si lo ejecuta fuera del mismo inversor de 400 vatios, solo puede esperar un 70% de eficiencia (consulte los datos del inversor suministrados por su distribuidor). Divida 5.75 amps por 0.7 (70%) y obtendrá 8.2 amps..

Estimating your Power Demands | Power Consumption Guide. (2018). Retrieved from https://www.rpc.com.au/information/faq/system-design/estimate-demands.html

8.5 Baterias de Ciclo Profundo

8.5.1 Baterías solares de ciclo profundo para sus sistemas de energía solar

Los paneles solares fotovoltaicos producen electricidad cuando el sol los ilumina. Los sistemas fotovoltaicos independientes (fuera de la red) y con batería de respaldo conectados a la red requieren una sola batería o un grupo de baterías de ciclo profundo llamadas "banco de baterías" conectadas entre sí para almacenar la energía solar generada. La batería fotovoltaica carga estas baterías de ciclo profundo durante las horas del día para que pueda tener electricidad durante la noche o en días nublados.

Luego, las baterías de almacenamiento son una parte esencial de cualquier instalación de energía alternativa autónoma o atada a la red y que pueden determinar el voltaje de funcionamiento de CC de todo el sistema solar fotovoltaico.

Las baterías de ciclo profundo consisten en una colección de celdas individuales más pequeñas de 2 voltios que almacenan la energía eléctrica producida por los paneles fotovoltaicos que no son consumidos inmediatamente por la carga. Las celdas de la batería permiten que esta energía eléctrica se convierta en energía química, almacenada dentro de la celda, que luego se convierte nuevamente en energía eléctrica según sea necesario. Una batería consta de una o más de estas celdas, conectadas eléctricamente en serie o en paralelo, o ambas, según la tensión de salida y el amperaje requeridos. Luego podemos definir una batería para usar en un sistema de energía solar como una colección de células que almacenan energía eléctrica en forma de reacciones químicas.

En el mundo de las baterías, las baterías de ciclo profundo se clasifican como "baterías secundarias" porque pueden cargarse y descargarse continuamente, lo que se conoce como el ciclo de carga de las baterías. Las baterías de ciclo profundo se llaman baterías secundarias porque la reacción química que produce y almacena la energía eléctrica en sus placas de plomo es completamente reversible, a diferencia de las "baterías primarias" estándar que solo pueden usarse una vez y luego desecharse una vez que están completamente descargadas.

En otras palabras, las baterías primarias, como las pequeñas baterías alcalinas utilizadas en los controles remotos o las cámaras, solo se pueden descargar o usar una vez y luego se desechan (se desechan) contaminando el medio ambiente, mientras que las baterías secundarias se llaman "recargables" como NiCad o Litio. Las baterías de iones usadas en computadoras portátiles, etc., pueden descargarse y recargarse muchas veces y, por lo tanto, son mucho más respetuosas con el medio ambiente.

En este tutorial sobre "baterías de ciclo profundo", estamos interesados principalmente en las baterías de ciclo profundo verdaderas, que son dispositivos de almacenamiento ideales para los sistemas de energía solar y se pueden caracterizar (además de su capacidad de recarga) por su alta densidad de potencia y alta tasa de descarga. , curvas de descarga planas, y buen rendimiento a baja temperatura.

Pero no todas las baterías secundarias son iguales; Hay muchos tipos diferentes de baterías disponibles, y cada tipo está diseñado para una aplicación específica. Aunque son similares a las baterías de automóviles comunes, las baterías de ciclo profundo utilizadas en los sistemas de energía solar están especialmente diseñadas para el tipo de ciclos de carga y descarga que necesitan soportar. El tipo más común de baterías utilizadas en aplicaciones de energía solar fotovoltaica son las "baterías de plomo ácido" que no requieren mantenimiento, ya que este tipo de batería es la más rentable para el almacenamiento de energía en el hogar.

Las baterías de plomo-ácido son una de las tecnologías de baterías más antiguas y comunes y están compuestas por tres partes básicas: un electrodo negativo, un electrodo positivo y un electrolito. El electrodo negativo de color negro está hecho de plomo (Pb) y el electrodo positivo de color rojo está hecho de dióxido de plomo (PbO2). Se utiliza un aislador o separador para aislar eléctricamente los dos electrodos. El electrolito usado para causar la reacción química entre los dos electrodos es ácido sulfúrico diluido (H2SO4), que es un líquido ácido que proporciona los iones de sulfato para las reacciones de descarga.

Las baterías de plomo ácido húmedas suelen ser las menos costosas, pero requieren agregar agua destilada (H2O) ocasionalmente para reponer el agua perdida en la evaporación durante el proceso de carga normal. Entonces, básicamente, el electrodo negativo entrega electrones a una carga externa, y el electrodo positivo acepta electrones de la carga y el electrolito, que normalmente es un líquido en las baterías solares de ciclo profundo, proporciona el camino para que la carga se transfiera entre los dos electrodos, como se muestra.

Deep Cycle Batteries for your Home Solar System. (2018). Retrieved from http://www.alternative-energy-tutorials.com/solar-power/deep-cycle-batteries.html

8.5.2 Célula de batería solar de ciclo profundo

Un diagrama funcional básico de una célula de plomo ácido típica se muestra a la derecha. Una placa de plomo sólido sirve como electrodo negativo, y una placa de dióxido de plomo sirve como electrodo positivo.

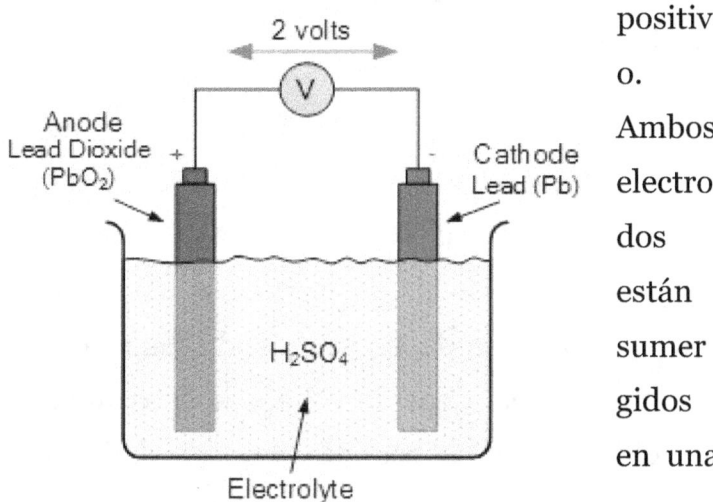

Ambos electrodos están sumergidos en una

solución de ácido sulfúrico llamada "electrolito".".

El resultado es que se desarrolla una diferencia de potencial, más a menudo llamada tensión, entre los electrodos y es esta tensión la que se utiliza para conducir la corriente a través de una carga externa. La corriente de suministro máxima generada por la batería de plomo-ácido depende de la masa y el volumen de la celda. En una batería de plomo ácido hecha de celdas de plomo ácido conectadas en serie (negativo a positivo), el voltaje general del terminal depende del número de celdas conectadas entre sí dentro de la batería.

Los parámetros asociados con las baterías de plomo ácido de ciclo profundo son:

• Voltaje - El voltaje es presión eléctrica. Una batería de coche estándar es de 12 voltios. Este voltaje es la adición de las seis (6) celdas de plomo ácido más pequeñas conectadas en serie que conforman una batería más grande de 12V. Cada celda de plomo-ácido individual tiene un voltaje de aproximadamente 2 voltios. Los bancos de baterías utilizados para sistemas de energía alternativa generalmente se conectan en serie para producir voltajes de CC de 12, 24, 36 o 48 voltios.

• Corriente - La corriente es el flujo de electrones. La tasa de este flujo por unidad de tiempo se llama amperio. La corriente eléctrica viene en dos formas: corriente continua (CC) y corriente alterna (CA). Las baterías almacenan la energía como corriente continua (CC) que se utiliza para la iluminación o para alimentar el inversor, que la convierte en corriente alterna. La corriente máxima entregable de las baterías de ciclo profundo es la corriente más alta que una batería puede conducir a través de una carga sin que el voltaje de su terminal disminuya significativamente debido a la resistencia interna de las baterías y sin que la batería se sobrecaliente. Las baterías de ciclo profundo se conectan juntas en paralelo para aumentar la corriente de salida disponible.

• Capacidad: la capacidad de la batería es la cantidad de energía que contiene una batería y generalmente se califica en amperios-hora (Ah) a un voltaje determinado. Por lo tanto, una batería con una capacidad nominal de 1,000 amperios por hora puede entregar 100 amperios por 10 horas, o 10 amperios por 100 horas, o 1 amperio por 1000 horas y así sucesivamente. Para determinar la cantidad total de energía que puede suministrar una batería de ciclo profundo, multiplique las amperios-hora (Ah) por el voltaje del terminal. La capacidad de almacenamiento de una batería de automóvil promedio es de aproximadamente 40 a 85 amperios-hora.

Las baterías solares de ciclo profundo utilizadas para instalaciones de energía alternativa tienen una capacidad de aproximadamente 200 a 2,500 amperios-hora. La capacidad especificada de una batería está determinada por la cantidad de energía que se necesita y por cuánto tiempo debe la batería suministrar esta energía. Cuanto más energía eléctrica se consume, mayor debe ser la batería y, por lo tanto, la fuente de energía solar debe ser mayor para recargar la batería más grande.

Un estado de carga de las baterías es un valor porcentual que indica la cantidad de energía eléctrica restante en la batería. Por ejemplo, una batería de 1,000 amperios-hora con un estado de carga del 90% contendrá 900 amperios-horas de energía. Al 50% del estado de carga, contendrá 500 amperios-hora de energía y así sucesivamente. Una batería que tiene solo un 20% o menos de estado de carga se considera completamente descargada o es posible que esté defectuosa.

Deep Cycle Batteries for your Home Solar System. (2018). Retrieved from http://www.alternative-energy-tutorials.com/solar-power/deep-cycle-batteries.html

8.5.3 Baterias True Deep Cycle para aplicaciones solares

Las baterías de plomo-ácido son las únicas baterías adecuadas para sistemas de energía alternativa, pero el ciclo continuo de descargar una batería en una carga (horas nocturnas) y luego recargar la batería (horas de luz solar) muchas veces requiere un tipo diferente de batería, ya que no todas son de plomo. Las baterías ácidas son las mismas. El requisito más importante de una batería es si es una **batería de ciclo profundo o una batería de ciclo bajo**.

Considere baterías de arranque automotriz. Las baterías de automóvil son baratas de comprar, pero están diseñadas para proporcionar amperios de corriente altos durante períodos muy cortos de tiempo (menos de 10 segundos) para operar el motor de arranque y girar el motor. Una vez que el automóvil ha arrancado, la batería se carga por goteo con el alternador del automóvil. Incluso en las mañanas heladas frías, la batería del automóvil solo se descarga a menos del 10% de su capacidad nominal en el arranque, por lo que está diseñada para este servicio de ciclo muy superficial, (100% a 90% del estado de carga).

Como la batería de un automóvil está diseñada para suministrar altas corrientes durante períodos de tiempo muy cortos, por lo tanto, está formada por muchas placas de plomo delgadas que proporcionan una gran superficie para que se produzca la reacción química. Estas placas de plomo delgadas no tienen la resistencia mecánica necesaria para realizar ciclos repetidos durante un período de muchos años y se desgastan muy rápidamente después de solo 200 a 400 ciclos. Por lo tanto, las baterías de automóvil de ciclo bajo que, aunque funcionan, no están diseñadas para un sistema de energía solar a largo plazo que requiere un servicio de ciclismo mucho más profundo..

Las baterías de ciclo profundo, por otro lado, están diseñadas para cargarse y descargarse repetidamente hasta en un 80% de su capacidad total (100% a 20% del estado de carga) sin sufrir ningún daño grave a las celdas antes de recargarlas, lo que las convierte en una opción ideal para sistemas solares fotovoltaicos, así como para aplicaciones marinas, carritos de golf, carretillas elevadoras y otros vehículos eléctricos similares. Aunque las baterías de ciclo profundo utilizan las mismas reacciones químicas para almacenar energía que sus primos de baterías de automóviles, las baterías de ciclo profundo se fabrican de manera muy diferente.

El tamaño físico de una batería de ciclo profundo es mucho más grande que una batería de automóvil normal debido a la construcción y el tamaño de las placas de plomo (electrodos). Estas placas están hechas de plomo sólido generalmente dopado con antimonio (Sb) y son muchas veces más gruesas que las placas del tipo de esponja más delgadas de una batería de automóvil. Esto significa que las baterías de ciclo profundo pueden descargarse repetidamente casi por completo hasta una carga muy baja y no es raro que las baterías de ciclo profundo se vacíen (descarguen) hasta un 20% de su capacidad total antes de que la energía deje de fluir. de la batería.

Las baterías de ciclo profundo están diseñadas específicamente para almacenar la energía generada por un sistema fotovoltaico fotovoltaico y luego descargar esta energía almacenada para su uso de forma constante y diaria. Uno de los requisitos principales para las baterías de ciclo profundo para aplicaciones solares es la duración máxima del ciclo, es decir, cuántas veces se puede cargar la batería y descargarla o realizar un ciclo profundo.

Las baterías de ciclo profundo que se usan en aplicaciones de energía alternativa deben durar más de cinco años y, en muchos casos, durar más de diez años, pero deben tener un ciclo adecuado. Aunque estas baterías están diseñadas para soportar ciclos profundos, las baterías de ciclo profundo tendrán una vida útil más larga si los ciclos son menos profundos, por ejemplo, el estado de carga del 100% al 50% en comparación con el estado de carga del 100% al 20%..

Deep Cycle Batteries for your Home Solar System. (2018). Retrieved from http://www.alternative-energy-tutorials.com/solar-power/deep-cycle-batteries.html

8.5.4 Carga de batería de ciclo profundo

Las baterías de ciclo profundo se pueden recargar de diferentes maneras. El método más común es el uso de una unidad de carga externa conectada a una fuente de energía eléctrica, como un enchufe de pared.

En un sistema de energía alternativo, las baterías se cargan mediante paneles solares a través de un controlador de carga solar que garantiza que la salida máxima de los paneles solares o la matriz se dirige a cargar las baterías sin sobrecargarlas. Una batería de plomo ácido de ciclo profundo generalmente se puede cargar a cualquier velocidad que no produzca gases excesivos, sobrecargas o altas temperaturas. La batería absorbe una corriente muy alta durante la primera parte de la carga cuando su estado de carga está en su nivel más bajo, pero hay un límite a la corriente segura cuando la batería está completamente cargada.

Open Circuit Voltage	State of Charge
12.65V	100%
12.58V	90%
12.55V	80%
12.48V	70%
12.40V	60%
12.32V	50%
12.24V	40%
12.10V	30%
11.90V	20%
11.70V	10%
11.30V	0%

Condición de carga de la batería de voltios

Si una batería ácida de plomo de ciclo profundo está conectada a una carga durante mucho tiempo sin mantener su carga, la batería gradualmente descarga su energía en la carga. A medida que la corriente disminuye gradualmente y los electrodos se recubren con contaminantes a medida que cambia la gravedad específica del electrolito. Esta contaminación dentro de una batería de plomo se llama "Sulfatación". Eventualmente, toda la energía química contenida dentro del electrolito se convierte en energía eléctrica.

En algún momento, el proceso de la batería se detiene porque la batería ya no puede entregar energía a una carga. La corriente cae a cero y ya no existe una diferencia de potencial entre los electrodos de las células. La cantidad de energía que una batería de celda de plomo-ácido puede entregar es una función del electrolito (gravedad específica y pureza) y la calidad del electrodo negativo y el electrodo positivo de dióxido de plomo.

Con el tiempo, Sulfation interfiere con la capacidad de la batería de aceptar, almacenar y entregar una carga, y si no se controla, la calidad de los componentes de la batería se degradará, y el rendimiento de la batería disminuirá la capacidad de la batería. La forma más rápida de destruir cualquier batería de plomo es permitir que se descargue por completo y dejarla sin carga durante un largo período de tiempo. Por lo tanto, debido a las interacciones químicas dentro de una batería de plomo, debe usarse de forma regular o se producirá una sulfatación de las placas.

Sin embargo, si se conduce una corriente a través de la batería conectando una fuente de alimentación externa (esto suele denominarse recarga, y es simplemente lo contrario de cuando la batería entrega su energía a una carga y, en este caso, la batería es ahora la carga) Durante un período de tiempo (negativo a negativo y positivo a positivo), la energía electroquímica en la batería se restaura y la batería se puede usar nuevamente. El ciclo de descargar una batería en una carga y luego recargarla puede repetirse muchas veces durante la vida útil de una batería, pero use un hidrómetro regularmente para verificar la gravedad específica y rellenar con agua destilada cuando esté completamente cargada..

Deep Cycle Batteries for your Home Solar System. (2018). Retrieved from http://www.alternative-energy-tutorials.com/solar-power/deep-cycle-batteries.html

8.5.5 Conexión de baterías de ciclo profundo

Ahora sabemos que el componente básico de una batería de plomo-ácido es la celda de 2 voltios. Un banco de baterías utilizado en la energía solar aislada o fuera de la red, o sistema de energía eólica es un conjunto de celdas conectadas de 2 voltios, baterías de 6 voltios o baterías de 12 voltios que suministran energía al hogar en caso de falla de la red o baja. Producción a partir de fuentes de energía renovables o de una matriz solar. Las baterías individuales de ciclo profundo están conectadas en serie para producir configuraciones de 12 voltios, 24 voltios o 48 voltios.

Las baterías de ciclo profundo también se pueden conectar juntas en paralelo para aumentar la capacidad actual de un banco de baterías. El banco de baterías suministra energía de CC a un inversor, que produce energía de CA que se puede utilizar para hacer funcionar los aparatos. La decisión de seleccionar un banco de baterías de 12 voltios, 24 voltios, 36 voltios o 48 voltios estará determinada por la entrada del inversor, el tipo de batería que seleccione y la cantidad de almacenamiento de energía que necesite.

A continuación se muestra un ejemplo de cómo conectar baterías de diferentes voltajes, como baterías de 6 voltios y 12 voltios, para producir un banco de baterías de 24 voltios. Se puede conectar cualquier número de baterías en serie para producir un voltaje de salida que sea un múltiplo del voltaje de la batería. En nuestro ejemplo, esto es 2 x 12 voltios = 24 voltios. Del mismo modo, las baterías conectadas en paralelo aumentan la corriente en número de ramas. Sin embargo, es mejor limitar el número de ramas conectadas a un máximo de tres (3), ya que los bancos de baterías en paralelo tienden a circular corrientes no deseadas de rama a rama..

Deep Cycle Batteries for your Home Solar System. (2018). Retrieved from http://www.alternative-energy-tutorials.com/solar-power/deep-cycle-batteries.html

Cableado de batería de ciclo profundo

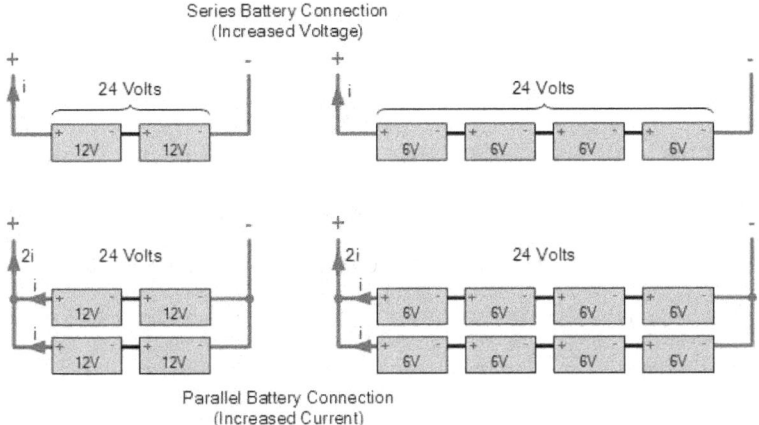

Photo from: http://www.alternative-energy-tutorials.com/solar-power/deep-cycle-batteries.html

8.5.6Mantenimiento de baterías de ciclo profundo.

Un último comentario sobre el mantenimiento de la batería, las baterías de plomo de ciclo profundo son la parte más peligrosa de cualquier sistema de energía solar o eólica. Se deben usar guantes, protección ocular como gafas y máscaras, así como ropa vieja cuando se manejan baterías de plomo y electrolitos, ya que el "ácido de la batería" quema e irrita la piel y los ojos.

Además, los gases y humos de hidrógeno emitidos durante la carga de estas baterías de plomo de ciclo profundo son tanto irritantes como potencialmente explosivos, así que ventile bien los bancos y el área de la batería en todo momento. Limpie cualquier derrame de electrolito en o alrededor de las baterías y verifique que los terminales y cables de la batería estén bien lubricados con vaselina si es necesario. Con el cuidado y el mantenimiento adecuados, las baterías de plomo ácido de ciclo profundo tendrán una larga vida útil en cualquier sistema fotovoltaico con energía solar.

Deep Cycle Batteries for your Home Solar System. (2018). Retrieved from http://www.alternative-energy-tutorials.com/solar-power/deep-cycle-batteries.html

8.6Tamaño de los módulos fotovoltaicos

8.6.1 ¿Cuál es el tamaño y el peso promedio de un panel solar?

Los sistemas de energía solar son cada vez más comunes en los tejados de todo EE. UU., Pero a menos que suba a un techo, puede ser difícil descubrir qué tan grandes son los paneles solares y cuánto pesan. Este artículo lo ayudará a comprender el tamaño del panel solar, el peso del panel solar y si su techo puede soportar paneles solares.

8.6.2 ¿Qué tan grandes son los paneles solares?

FEATURE	RESIDENTIAL PANELS	COMMERCIAL PANELS
# of Solar Cells	60	72
Average Length (inches)	65	78
Average Width (inches)	39	39
Average Depth (inches)	1.5 - 2	1.5 - 2

El tamaño promedio de los paneles solares utilizados en una instalación solar en el techo es de aproximadamente **65 pulgadas por 39 pulgadas, o 5.4 pies por 3.25 pies**. Existe una cierta variación de una marca a otra, y si está instalando un sistema de paneles solares a gran escala (como un almacén o un edificio municipal), sus paneles estarán más cerca de **6 pies de largo**.

Cada panel solar está formado por células solares fotovoltaicas (PV) individuales. Las celdas fotovoltaicas vienen en un tamaño estándar de 156 milímetros cuadrados, que tienen aproximadamente 6 pulgadas de largo y 6 pulgadas de ancho. La mayoría de los paneles solares para instalaciones solares en tejados están compuestos por 60 celdas solares, mientras que el estándar para instalaciones solares comerciales es de 72 celdas (y puede alcanzar hasta 98 celdas o más).).

Paneles solares de tamaño y peso, paneles residenciales y comerciales. El número de células solares en un panel está directamente relacionado con su longitud. Los paneles solares comerciales de 72

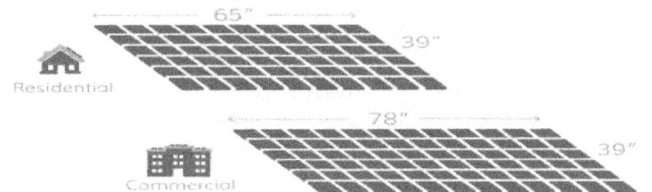

Residential vs. Commercial Solar Panel Size Comparison

celdas son aproximadamente 13 pulgadas más largos que los paneles residenciales de 60 celdas.

Si un panel solar promedio mide 65 pulgadas por 39 pulgadas, ¿cómo se traduce eso en un sistema de panel solar de techo de tamaño completo?

El sistema promedio en los EE. UU. Es de 6 kilovatios (kW). Si instala un sistema de 6 kilovatios (kW) con 20 paneles de tamaño promedio, es probable que su sistema mida aproximadamente 27 pies de ancho por 13 pies de largo, 352 pies cuadrados en total. (Esto supone que sus paneles se pueden colocar juntos y que no hay obstrucciones en su techo.)

8.6.3 ¿Cuánto pesan los paneles solares?

Comprender cuánto pesan los paneles solares es crucial si planea instalar un sistema solar en la azotea. Conocer el peso de un panel solar es la mejor manera de estar seguro de que su techo puede soportar una instalación completa.

Energy Sage revisó las especificaciones de los productos para las 10 principales marcas de paneles solares que se ofrecen con mayor frecuencia a los propietarios de viviendas en EnergySage Solar Marketplace y comparó el peso de sus paneles solares residenciales estándar de 60 celdas. Si bien hay una variación de una marca a otra, la mayoría de los paneles pesan en algún lugar del vecindario de 40 libras.

De las principales marcas que comparamos, la más ligera fue Sun Power, con algunos paneles que pesan tan solo 33 libras. El más pesado fue Canadian Solar, que tiene paneles que pesan hasta 50 libras..

Peso del panel solar por fabricante

8.6.4 ¿Puede su techo soportar un sistema de paneles solares?

Con el conocimiento del tamaño del panel solar y el peso del panel solar, podemos calcular cuánto pesa todo el sistema de paneles solares, lo que a su vez puede ayudarlo a comprender si su techo puede

SOLAR PANEL MANUFACTURER	SOLAR PANEL WEIGHT (60-CELL RESIDENTIAL PANELS)
SolarWorld	40 - 47 lbs
LG	38 lbs
Canadian Solar	40 - 51 lbs
Hyundai	38 - 41 lbs
Hanwha SolarOne	40 - 42 lbs
Hanwha Q CELLS	41 lbs
Trina	41 - 50 lbs
SunPower	33 - 41 lbs
Axitec	39 - 41 lbs
Kyocera	42 - 44 lbs

admitir un nuevo sistema de paneles solares o no..

En una instalación solar de 6 kilovatios formada por 20 paneles solares, los paneles solo pesarán aproximadamente 800 libras (20 paneles x 40 lbs). Según nuestro cálculo anterior, sabemos que este mismo sistema mide 352 pies cuadrados, lo que equivale a un peso de 2.3 libras por pie cuadrado (800 libras ÷ 352 pies cuadrados). Cuando incluya los accesorios de montaje y otros equipos para sus paneles, el peso total estará más cerca de 3-4 libras por pie cuadrado.

Los techos en la mayoría de las casas nuevas pueden soportar significativamente más de 3 libras por pie cuadrado de peso. Sin embargo, si tiene un techo más antiguo o si tiene alguna preocupación sobre si su techo puede soportar el peso adicional de los paneles solares, hable con una compañía de techos. Una inspección directa del techo puede ayudarlo a determinar si los pesos adicionales de los paneles solares son una opción viable para su hogar.

Matasci, S. (2018). 2018 Average Solar Panel Size and Weight | EnergySage. Retrieved from https://news.energysage.com/average-solar-panel-size-weight/

8.7 Dimensionamiento inversor solar

Cómo elegir el tamaño correcto de inversor solar para su sistema de energía solar Los inversores solares convierten la electricidad de CC de bajo voltaje creada por sus paneles solares en la electricidad de 120 voltios de CA utilizada por los electrodomésticos.

El tamaño de un inversor solar es una parte importante de cualquier instalación solar, grande o pequeña. Dado que su sistema de energía solar va a producir y enviar electricidad de CC a su inversor, tendrá que tener un tamaño de inversor que pueda manejar la carga y convertirla en energía de CA. Esto requiere saber cómo dimensionar un inversor correctamente..

8.7.1 Cómo dimensionar un inversor

Si va a entender cómo dimensionar un inversor, primero debe entender cómo se clasifican los inversores.

8.7.2 Cómo se clasifican los inversores

La primera forma en que se clasifican los inversores es en vatios (o vatios continuos).).

- Los vatios continuos son la cantidad total de vatios que el inversor puede soportar indefinidamente. Un inversor de 2000 vatios puede alimentar hasta 2000 vatios continuamente. Un inversor más grande podría manejar más.

Para que su inversor sea adecuado para su sistema, su clasificación de vatios debe ser aproximadamente igual a la calificación de vatios de su sistema solar. Esta es la forma correcta de dimensionar un inversor.

Por lo tanto, si su sistema solar tiene una potencia de 2000 vatios, necesitará un inversor solar con unos 2000 vatios, tal vez un poco más. Pero no mucho más o la eficiencia bajará. Puede obtener más información sobre vatios haciendo clic aquí para ir a la sección de Fundamentos Eléctricos de nuestro sitio web.

Si desea ejecutar varios dispositivos al mismo tiempo y desea asegurarse de que su inversor puede manejar la carga, simplemente agregue todas las clasificaciones de vatios continuos de todos los dispositivos que pueden estar funcionando simultáneamente.

Dependiendo del total de vatios continuos que obtenga, puede determinar si su inversor puede manejarlo. Esta es también una parte importante del tamaño del inversor (cómo dimensionar un inversor).

Entonces, si el vatio continuo total de todos los dispositivos que pueden funcionar al mismo tiempo es 3000, es demasiado, tendrá que ejecutar menos dispositivos al mismo tiempo.

La segunda forma en que se clasifican los inversores solares es en vatios de sobretensión.

- Los vatios de sobretensión son la cantidad de energía que el inversor puede soportar durante un tiempo muy corto, generalmente momentáneo. Un inversor de 2000 vatios con una potencia nominal de 4000 vatios puede manejar hasta 4000 vatios momentáneamente mientras arranca cosas como motores, que generalmente requieren más energía de la normal para comenzar.

Para que su inversor sea el adecuado para su sistema, su potencia nominal de vatios debe ser aproximadamente igual (o mayor que) los vatios potenciales de cada dispositivo.

Puede descubrirlo mirando la etiqueta adhesiva que se encuentra en la parte posterior de todos los dispositivos que utilizará con su sistema solar y verifique el potencial de aumento de vatios de cada dispositivo. Al hacer esto, puede determinar la potencia mínima de voltaje para la cual necesitará su inversor. Por lo general, necesitará aproximadamente 1,5 a 2 veces más vatios que vatios continuos para una buena medida de protección contra sobretensiones (más, si alimenta equipos pesados).

Therefore, if the highest surge watt rating on any of the appliances you plan to use with your solar system is 4000, you'll need a solar inverter with a little over 4000 surge watts.

8.7.3Voltaje de entrada: ¿Debo obtener un inversor de 12v 24v o 48v?

La siguiente clasificación que debe observar al dimensionar un inversor es el voltaje de entrada.

Para obtener el tamaño correcto del sistema solar ... sus paneles solares, el inversor y el banco de baterías necesitan usar el mismo voltaje.

Por lo tanto, la tensión de entrada de su inversor dependerá de la potencia o la potencia nominal del inversor. Para los inversores con una cantidad de potencia relativamente pequeña, como 100 vatios, el voltaje será de 12V, 24V y 48V. Para inversores de mayor potencia, la tensión de entrada probablemente será más.

8.7.4 Longitud del cable y rendimiento del inversor solar

Uno de los factores que puede afectar el rendimiento de su inversor es la distancia entre el panel de paneles solares y el banco de baterías. Cuanto más largo sea el cable utilizado aquí, menor será el voltaje de su inversor para tener un rendimiento óptimo, ya que con la caída de voltaje y el aumento de corriente de los cables largos.

Cuanto más alto sea el voltaje y más baja sea la corriente, más cortos serán los cables que puede usar. Con cables más largos, necesitarías usar cables más gruesos. Esto se trata en la sección Tipos de cables solares..

8.7.5Apilamiento de inversores (utilizando inversores múltiples))

A veces las personas conectan más de un inversor para "apilar" más energía. Esto normalmente se haría si tiene muchos inversores más pequeños y desea unirlos para formar uno más grande.

Si la demanda de su inversor aumenta con el tiempo (porque agregó más paneles solares), puede comprar un inversor solar más grande o conectar varios inversores juntos.

Cuando instala y cablea dos inversores juntos, se denomina apilado del inversor y puede proporcionar más potencia o mayor voltaje.

Si dos inversores compatibles están conectados en serie, puede duplicar el voltaje de salida. Esta técnica de apilamiento de inversores se usaría si solo tuviera dos inversores más pequeños y tuviera que proporcionar 120/240 voltios de CA.

Sin embargo, si tuviera que conectarlos en paralelo, duplicaría su potencia (vatios). Esta técnica de apilamiento de inversores solares se usaría si tuviera dos inversores más pequeños pero también tuviera un sistema solar que tuviera una potencia (vatios) mucho mayor que la que podría manejar un solo inversor. Si conectara dos inversores de 2000 vatios juntos en paralelo, podrían manejar 4000 vatios (4 kW) de potencia.

8.7.6 Rendimiento del inversor con menos luz solar

Al hacer coincidir correctamente sus paneles solares, el banco de baterías y las capacidades nominales de su inversor; Puede mejorar el rendimiento de los sistemas solares conectados a la red.

Sin embargo, cuando el sol no está en su punto más brillante y el sistema no está produciendo a casi toda su capacidad, el inversor operará con carga parcial y su eficiencia disminuirá.

La pérdida de energía también ocurre cuando un inversor es demasiado pequeño para operar en condiciones de sobrecarga. Otra cosa importante a considerar en el dimensionamiento del inversor pv..

8.7.7 Precio del inversor solar

Un inversor solar de onda sinusoidal modificada de calidad promedio puede costar entre $ 400 y $ 1000. Estos inversores de rango de calidad bajo a medio pueden operar con sistemas de tamaño pequeño a mediano y, en términos relativos, proporcionan un buen rendimiento, confiabilidad y consistencia.

Obviamente, a diferencia de los inversores más caros (los inversores True Sine Wave), generalmente existe una cantidad moderada de pérdida de energía o rendimiento, pero no si sus dispositivos no son de alta tecnología y su aplicación solar no es demasiado exigente.

Si desea obtener un inversor de buena calidad para un sistema bastante grande, probablemente le costaría entre $ 900 y $ 1500 para un inversor de energía solar de onda sinusoidal modificada de 2000 a 3000 vatios.

Si desea poder ejecutar básicamente cualquier cosa, además de tener todas las funciones automáticas, es probable que tenga que pagar aproximadamente entre

$ 500 y $ 1000 por un inversor de energía solar True Sine Wave.

Estos inversores de onda sinusoidal de mayor calidad son compatibles con computadoras y controlados por computadora, lo que agregará automatización y verdadera conveniencia para monitorear y proteger su sistema de energía solar. Nunca olvide tener en cuenta la conveniencia y la practicidad al realizar el dimensionamiento de su inversor solar.

Davison, A. (2018). How To Size an Inverter: Solar Inverter Sizing Fully Explained. Retrieved from http://www.altenergy.org/renewables/solar/DIY/inverter-sizing.html

8.8 Tamaño del banco de baterías

Cómo elegir el banco de baterías del tamaño correcto para su sistema solar,

8.8.1 ¿Qué es el tamaño de la batería solar?

El tamaño de la batería solar (también conocido como tamaño del banco de baterías) es una de las consideraciones más importantes al elegir las características específicas de su sistema eléctrico solar.

El objetivo principal al dimensionar un banco de baterías es obtener una que pueda manejar la carga que proviene de su panel de paneles fotovoltaicos **y proporcionar suficiente energía almacenada para sus necesidades sin tener que descargar regularmente a un punto insalubre..**

Al cablear varias baterías juntas en diferentes configuraciones de cableado, puede diseñar un banco de baterías adecuado para su sistema de energía solar y, por lo tanto, realizar correctamente el tamaño de la batería solar.

8. 8.2 Factores que afectan el tamaño del banco de baterías

La cantidad de baterías que utiliza en su sistema solar depende de los siguientes factores:

- La cantidad de dinero que tiene que gastar en este proyecto solar. Parte del tamaño de la batería solar es asegurarse de que pueda comprar suficientes baterías solares para satisfacer sus necesidades de almacenamiento de energía.

- También debe tener en cuenta la cantidad de días que desea poder ir antes de tener que recargar las baterías. Si necesita poder alimentar ciertos electrodomésticos durante un número específico de días a la vez sin interrupción, necesitará Más baterías para llevar una carga más grande. Esto se determina por la cantidad de baterías que usa y cómo las cablea para afectar el amperio total de horas del banco de baterías (capacidad de almacenamiento).

- Otro factor que afecta el tamaño de la batería solar es la cantidad de energía que necesitará para todos sus aparatos. Si sus aparatos requieren muchos vatios (potencia), necesitará suficientes baterías para almacenar la energía para poder utilizarlos.

- Otro factor que afecta el tamaño de su banco de baterías es la cantidad de voltios que produce su sistema solar. Si su sistema produce 48 voltios, entonces querrá tener suficientes baterías en su banco de baterías para almacenar 48 voltios. En realidad, un poco menos es mejor, como un sistema de 36 voltios con un banco de baterías de 24 voltios, solo para asegurarse de que su sistema pueda cargar el banco de baterías incluso en el caso de una caída repentina de voltaje. Paneles más grandes que su banco de baterías para poder compensar factores como la caída de voltaje, las fluctuaciones de energía y la pérdida de energía debido al desgaste del sistema..

- Para cargar una batería, un dispositivo generador debe aplicar un voltaje más alto que el que ya existe dentro de la batería. Es por eso que la mayoría de los módulos fotovoltaicos están hechos para un punto de potencia pico de 16-18V. Una caída de voltaje superior al 5% reducirá esta diferencia de voltaje necesaria y puede reducir la corriente de carga a la batería en un porcentaje mucho mayor. Nuestra recomendación general aquí es dimensionar para una caída de voltaje de 2-3%. Por lo tanto, para un banco de baterías de 12 voltios, se debe usar un panel solar de 16-18 V para permitir una caída de voltaje inesperada.

- Otra consideración importante al dimensionar un banco de baterías es la capacidad de almacenamiento que necesitará para tener su banco de baterías. Si su área recibe menos horas de luz solar en el día, querrá más baterías para poder almacenar más "horas de amperaje" de energía en su reservorio y durar el largo tramo de la noche. amp horas que tenga, más tiempo tomará su reserva de energía total para agotar.

- Al realizar el dimensionamiento de la batería solar, también debe tener en cuenta la velocidad de descarga que desea tener. Recuerde, cuanto más lenta sea la descarga de sus baterías, más horas obtendrá de ellas. Puede averiguar la velocidad de descarga de una batería observándola y encontrando el valor marcado: (C-?). Si ve (C-10), esto significa que la batería tarda 10 horas en descargarse por completo, si es (C-5), entonces la batería tarda 5 horas en descargarse por completo.

- Por último, al dimensionar un banco de baterías, debe considerar la profundidad de descarga a la que desea ir antes de recargarla (esto se decide por sus necesidades / capacidad de energía específicas y afecta la vida útil de la batería).

Básicamente, cuanto más grandes sean sus baterías y cuantas más baterías tenga, más convenientes serán para usted y mejores para la salud de sus baterías. Esto se debe al hecho de que, con más capacidad de almacenamiento / baterías, tendrá más energía disponible, además de que descargará su banco de baterías en ciclos más pequeños (más superficiales) y, por lo tanto, aumentará su vida útil general.

Por lo tanto, como regla general en el tamaño de la batería solar, **siempre es mejor tener más baterías en su banco de baterías y descargarlas solo en un 30-50%** menos que tener menos baterías y descargarlas más. Use una calculadora de tamaño de banco de baterías que puede ayudar a automatizar el proceso para usted.

8. 8.3Determinar la capacidad de almacenamiento de una batería

Una parte importante del tamaño de la batería solar es determinar la capacidad de almacenamiento, para que sepa cuánto tiempo puede usarla..

8. 8.4Tamaño de un banco de baterías - Watt Hours

Digamos que sale y compra una batería para su sistema solar de 12 voltios (empuje) y 105 amperios por hora (capacidad de almacenamiento).

Puede averiguar aproximadamente cuánta energía almacenará / proporcionará esta batería calculando las horas en vatios. Para hacer esto, simplemente multiplique los voltios (V) x las horas amperio (AH) y divida por 100.

Voltios x amperios por hora / 100 = vatios por hora

12V x 105AH = 1260/100 = 12.6 vatios por hora

Lo que esto significa es que puede alimentar un dispositivo de 100 vatios durante 12.6 horas con una batería completamente cargada.

Asegúrese de averiguar cuáles son las especificaciones de sus baterías antes de comprarlas. Al saber qué buscar y qué significa cada especificación, puede asegurarse de que el banco de baterías de su proyecto solar funcione sin problemas, de manera eficiente y sin errores costosos de **"tamaño del banco de baterías"**.

8. 8.5Esperanza de vida de la batería

Una cosa a la que debe prestar mucha atención cuando el tamaño de la batería solar es el tiempo que durarán las baterías que compre. **La vida útil de una batería de plomo ácido sellada se clasifica según la cantidad de ciclos que puede realizar la batería**.

El "número de ciclos" se refiere al número de veces que la batería se puede cargar y descargar antes de que se agote.

Entonces, si su batería es una batería de 3000 ciclos, esto significa que puede cargarse y descargarse 3000 veces antes de que se agote, es decir, siempre que esté cargada correctamente y no se descargue más allá de los niveles aceptables. Se considera que las baterías se encuentran al final de su vida útil cuando el 20% de su capacidad original se ha agotado..

Davison, A. (2018). Solar Battery Sizing Procedure - How To Do Battery Bank Sizing. Retrieved from http://www.altenergy.org/renewables/solar/DIY/battery-bank-sizing.html

8.9 Dimensionamiento del controlador de carga solar

Cómo elegir el controlador de carga del tamaño correcto para su sistema de energía solar

El tamaño del controlador de carga se entiende mejor cuando comprende lo que hace un controlador de carga.

8.9.1 Funciones del controlador de carga solar

La función de un controlador variado es regular la carga que ingresa al banco de baterías desde el panel de paneles solares y evitar la sobrecarga y el flujo de corriente inversa durante la noche.

Lo hace utilizando un transistor para derivar el circuito de carga fotovoltaica. Esto significa que, si su batería está llena, detiene la carga y si su batería está llegando a un punto de descarga poco saludable, detiene la descarga.

Al utilizar un controlador de carga pv, minimiza el uso de la energía de la red pública y maximiza las posibilidades de que sus baterías y otros componentes fotovoltaicos duren más, lo que aumenta la vida útil y la eficiencia de todo su sistema solar.

Los controladores de carga solar más sofisticados aseguran que la batería se cargue utilizando la modulación de ancho de pulso (PWM) o el seguimiento del punto de máxima potencia (MPPT).

Al ingresar las configuraciones predeterminadas de corte de alto y bajo voltaje, puede ayudar a mantener sus baterías saludables y eficientes, automáticamente.

8.9.2 Tamaño del controlador de carga

El tamaño de los controladores de carga es bastante simple en realidad. Los controladores de carga fotovoltaica se clasifican y clasifican según la corriente (amperios) de la matriz solar y la tensión (empuje) de los sistemas solares.

Por lo tanto, el tamaño del controlador de carga solar básicamente implica "obtener un controlador de carga lo suficientemente grande como para manejar la cantidad de energía y corriente producida por su sistema de energía solar".

Los controladores de carga pv más comunes vienen en 12, 24 y 48 voltios. Las clasificaciones de amperaje pueden estar entre 1-60 amperios y las clasificaciones de voltaje de 6-60 voltios.

Entonces, si los voltios de su sistema solar fueran 12 y sus amperios fueran 14, necesitaría un controlador de carga solar que tuviera al menos 14 amperios.

Sin embargo, debido a factores como el reflejo de la luz, es posible que se produzcan niveles de corriente esporádicos incrementados, por lo que debe tener en cuenta un 25% adicional, lo que hace que los amperios mínimos que nuestro controlador de cargador pv debe tener a 17.5 amperios.

Así que necesitaremos un controlador de carga de 12 voltios y 20 amperios (redondeado hacia arriba).

No dañará nada si los amplificadores de su controlador de carga son más altos; de hecho, es una buena idea en caso de que aumente el tamaño de su sistema de energía solar en el futuro.

8.9.3 Controladores de carga MPPT

MPPT significa Seguimiento del punto de máxima potencia y se utiliza un controlador de carga MPPT en el caso muy común en el que la tensión de sus paneles solares es mayor que la tensión del banco de baterías.

Este es el caso con los ejemplos de diagramas de disposición solar que utilizamos en nuestra sección de Diagramas de cableado del panel solar, así que preste atención a esto si decide copiar cualquiera de esos arreglos. Los controladores de carga MPPT también funcionan muy bien con sistemas que tienen paneles con niveles de voltaje impares, por ejemplo: 56V.

Cuando un controlador de carga solar MPPT nota una diferencia en el voltaje, convertirá automática y eficientemente el voltaje más alto en el voltaje más bajo, de modo que sus paneles, el banco de baterías y el controlador de carga fotovoltaica puedan tener el mismo voltaje.

Por lo tanto, si tenía un panel solar de 900 vatios con 48 voltios y el voltaje de su banco de baterías era de 24 voltios ..

... puede determinar los amperios que debe tener su controlador de carga FV dividiendo los vatios por el más bajo de los dos voltios.

Vatios / voltios = amperios

Entonces 900W / 24V = 37.5 amperios

Además, todavía tiene que agregar un 25% adicional para aumentos inesperados de corriente debido a factores como el reflejo de la luz .. y obtiene 46.87 amperios.

Por lo tanto, necesitará un controlador de carga de 24 voltios y 50 amperios MPPT (redondeado hacia arriba). Obtenga más información sobre el tamaño del controlador de carga MPPT.**8.9.4 Controlador de carga fotovoltaica - Límite de tensión superior** Todos los controladores de carga tienen un límite de voltaje superior. Esto se refiere a la cantidad máxima de voltaje que pueden manejar desde la matriz solar. Asegúrese de saber cuál es el límite de voltaje superior y de que no lo exceda o puede terminar quemando su controlador de carga solar.Davison, A. (2018). Solar Charge Controller Sizing and How To Choose One. Retrieved from http://www.altenergy.org/renewables/solar/DIY/solar-charge-controller.html

8.10 CONTROLADORES DE CARGA MPPT

8.10.1 Cómo dimensionar los controladores de carga solar

El tamaño manual de los controladores de carga solar MPPT puede ser una de las tomas más difíciles para un diseñador de sistemas. A diferencia de los controladores PWM o shunt, muchos controladores MPPT tienen la capacidad de convertir a la baja los paneles fotovoltaicos de mayor voltaje (paneles solares) a bancos de baterías de menor voltaje. Para realizar los cálculos, se requieren algunos factores NEC (código eléctrico nacional) diferentes. Explicar este proceso está más allá del alcance de este artículo, pero podemos proporcionarle un par de enlaces web para que se acerque. Si no está seguro del controlador correcto para usted, comuníquese con un profesional de la energía solar para que lo ayude. Aquí hay algunos enlaces a sitios web de fabricantes that include sizing tools for their controllers.

8.10.2 COMO FUNCIONAN LOS CONTROLADORES DE CARGA MPPT

El seguimiento del punto de máxima potencia (MPPT) es una tecnología popular que ofrece un número creciente de controladores de carga solar. Mientras que los controladores de carga MPPT generalmente cuestan más que los controladores de carga solar tradicionales, la ganancia en la eficiencia de carga general hace que valgan la pena en la mayoría de los casos.

8.10.3 Aumente la carga solar con un controlador de carga de seguimiento de potencia

La tecnología popular en algunos controladores de carga llamada seguimiento del punto de máxima potencia (MPPT) extrae energía adicional de su matriz fotovoltaica, bajo ciertas condiciones. Este artículo explica el proceso mediante una analogía mecánica, para personas que no entienden la electricidad básica.

La función de un MPPT es análoga a la transmisión en un automóvil. Cuando la transmisión está en la marcha incorrecta, las ruedas no reciben la máxima potencia. Esto se debe a que el motor está funcionando más lento o más rápido que su rango de velocidad ideal. El propósito de la transmisión es acoplar el motor a las ruedas, de manera que permita que el motor funcione en un rango de velocidad favorable a pesar de la aceleración y el terreno variables..

Comparemos un módulo fotovoltaico con un motor de automóvil. Su voltaje es análogo a la velocidad del motor. Su voltaje ideal es aquel en el que puede sacar la máxima potencia. Esto se llama su punto de máxima potencia. (También se llama voltaje de potencia pico, abreviado Vpp). Vpp varía con la intensidad de la luz solar y con la temperatura de las células solares. El voltaje de la batería es análogo a la velocidad de las ruedas del automóvil. Varía con el estado de carga de la batería y con las cargas en el sistema (todos los dispositivos y luces que puedan estar encendidos). Para un sistema de 12V, varía de aproximadamente 11 a 14.5V.

Para cargar una batería (aumentar su voltaje), el módulo fotovoltaico debe aplicar un voltaje mayor que el de la batería. Si el Vpp del módulo fotovoltaico está ligeramente por debajo del voltaje de la batería, entonces la corriente cae casi a cero (como un motor que gira más lento que las ruedas), por lo que, para ser seguros, los módulos fotovoltaicos típicos se fabrican con un Vpp de alrededor de 17 V cuando se miden a una temperatura celular de 25 ° C. Lo hacen porque caerá a alrededor de 15 V en un día muy caluroso. Sin embargo, en un día muy frío, puede subir a 18V!

¿Qué sucede cuando el Vpp es mucho más alto que el voltaje de la batería? El voltaje del módulo se arrastra hasta un voltaje más bajo que el ideal. Los controladores de carga tradicionales transfieren la corriente fotovoltaica directamente a la batería, lo que NO le proporciona ningún beneficio de este potencial adicional.

Ahora, hagamos una analogía más. La transmisión del automóvil varía la relación entre la velocidad y el par. En marcha baja, la velocidad de las ruedas se reduce y el par aumenta, ¿verdad? Del mismo modo, el MPPT varía la relación entre el voltaje y la corriente suministrada a la batería, con el fin de entregar la máxima potencia. Si hay un exceso de voltaje disponible en el PV, entonces se convierte en corriente adicional a la batería. Además, es como una transmisión automática. Como la Vpp del generador fotovoltaico varía con la temperatura y otras condiciones, "rastrea" esta variación y ajusta la proporción en consecuencia. Por lo tanto, se llama un rastreador de punto de poder máximo.

¿Qué ventaja da el MPPT en el mundo real? Eso depende de su matriz, su clima y su patrón de carga estacional. Le brinda un aumento de corriente efectivo solo cuando el Vpp es más de aproximadamente 1V más alto que el voltaje de la batería. En climas cálidos, este puede no ser el caso a menos que las baterías tengan poca carga. En clima frío, sin embargo, el Vpp puede subir a 18V. Si su consumo de energía es mayor en el invierno (típico en la mayoría de los hogares) y tiene un clima frío en el invierno, entonces puede obtener un aumento sustancial de energía cuando más lo necesita.

Aquí hay un ejemplo de acción MPPT en un día frío de invierno:

Temperatura exterior: 20 ° F (-7 ° C) El viento sopla un poco, por lo que la temperatura de la celda fotovoltaica se eleva a solo alrededor de 32 ° F (0 ° C).

Vpp = 18V Las baterías están un poco bajas y las cargas están encendidas, por lo que el voltaje de la batería es 12.0

La relación de Vpp al voltaje de la batería es 18:12 = 1.5: 1

¡Bajo estas condiciones, un MPPT teóricamente perfecto (sin caída de voltaje en el circuito del arreglo) proporcionaría un aumento del 50% en la corriente de carga! En realidad, hay pérdidas en la conversión al igual que hay fricción en la transmisión de un automóvil. Los informes del campo indican que los aumentos de 20 a 30% se observan normalmente.

Blue Sky Energy Inc. | What is a Charge Controller?. (2018). Retrieved from http://www.blueskyenergyinc.com/reviews/article/what_is_a_charge_controller

9 Protección del sistema fotovoltaico

La mayoría de los fabricantes de módulos solares ofrecen una garantía de 20 años o más en sus productos. El costo de dichos dispositivos se calcula en este período tan largo. Sin embargo, esas instalaciones están expuestas regularmente a rayos y sobretensiones, lo que puede reducir considerablemente la esperanza de vida deseada. El uso de protecciones contra sobretensiones adaptadas es entonces altamente recomendado.

Se deben considerar varios aspectos para evaluar el riesgo "Rayo y sobretensión":

- Cuanto más se expande el campo del panel solar, más importante es el riesgo del problema de los "rayos".

- El riesgo es múltiple: efecto directo (impacto del rayo directamente en los módulos) y efecto indirecto (sobretensión en los módulos, en el convertidor / inversor y otras conexiones).

- Cuando los dispositivos fotovoltaicos están ubicados en sitios industriales, también se debe tener en cuenta el riesgo de sobretensión de operación.

- El nivel de riesgo está directamente relacionado con la densidad de los rayos locales y la exposición de las líneas..

Risk assessment. (2018). Retrieved from https://en.wikipedia.org/wiki/Risk_assessment

9.1 Protectores contra sobretensiones para dispositivos fotovoltaicos.

La instalación fotovoltaica puede estar expuesta a sobretensiones en diferentes redes:

- **Red de CA:** son necesarios protectores de sobrevoltaje, a veces obligatorios, para la red monofásica de 230V (o trifásica 230 / 400V) a la que está conectado el inversor fotovoltaico.

- **Red de CC:** son necesarios protectores de sobrevoltaje, a veces obligatorios, en la red continua entre los módulos y el inversor fotovoltaico.

• **Red de datos:** si el inversor fotovoltaico está conectado a líneas de datos (transductores, sensores, supervisión), a veces se requieren protectores contra sobrecargas.

9.2 Protectores contra sobretensiones para instalaciones fotovoltaicas - lado AC

La conexión del PV a bajas tensiones debe protegerse de acuerdo con la recomendación de la Guía UTE C15-712. Dependiendo del tipo de red, de la presencia de pararrayos o de los protectores de sobrevoltaje primarios existentes, CITEL propone varias soluciones.

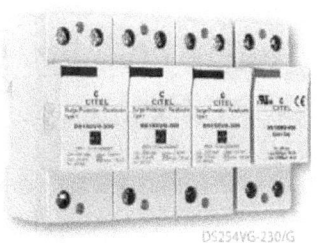

DS254VG-230/G

DS44S-230/G

DS240S-230/G

DS250VG - DS40 - DS240

Protectores contra sobretensiones tipo 1 y tipo

Reference		DS250VG	DS40	DS240	DS215
Type of surge protector		Type 1	Type 2	Type 2	Type 2
Location		TGBT	TGBT	TGBT or close to a PV inverter	close to a PV inverter
Low voltage network	Un	230/400 Vac	230/400 Vac	230 Vac	230 Vac
Max. operating voltage	Uc	255 Vac	255 Vac	255 Vac	255 Vac
Nominal discharge current	In	30 kA	20 kA	20 kA	5 kA
Max. discharge current	Imax	70 kA	40 kA	40 kA	15 kA
Lightning current (10/350)	Iimp	25 kA	-	-	-
Protection level	Up	1,5 kV	1,25 kV	1,25 kV	0.9 kV
Reference for 1-phase network (TT, TN)		DS252VG-300/G	DS42-230/G	DS240-230/G	DS215-230/G
Reference for 3-phase network (TT, TN)		DS254VG-300/G	DS44-230/G	-	-
Dimensions (1-phase)		72 mm	36 mm	18 mm	18 mm

2 AC

Protectores contra sobretensiones para líneas de datos

La instalación fotovoltaica puede interconectarse a diferentes redes de datos (transductores, sensores, supervisión...). En ese caso, se recomienda el uso de protectores contra sobretensiones adaptados en esas redes.

DLA-24D3

References		DLA-48D3	DLA-24D3	DLA-06D3
Type of line		PT100	4-20 mA	RS485
Operating DC voltage	Un	48 Vdc	24 Vdc	6 Vdc
Nominal discharge current	In	5 kA	5 kA	5 kA
Max. discharge current	Imax	20 kA	20 kA	20 kA

Protección contra sobretensiones con módulo enchufable para línea de datos.

9.3 Protectores contra sobretensiones para instalaciones fotovoltaicas - lado DC

La entrada de CC de los inversores debe protegerse de acuerdo con las recomendaciones de la Guía UTE C15-712. Citel ha desarrollado toda una gama de productos dedicados a esta aplicación: DS50PV. Éste propone varias soluciones:

- DS50PV: solución estándar que usa varistores específicos, disponible en modo común o diferencial.

- DS50PV-.../G: La versión incluye una rama con tubo de gas conectado al suelo, lo que permite la supresión total de la corriente de fuga. Protección en modo común y diferencial..

Protección contra sobretensiones Tipo 2 con módulos

References		DS50PV-500	DS50PV-600	DS50PV-800	DS50PV-1000
Max. PV voltage	Uocstc	500 Vdc	600 Vdc	800 Vdc	1000 Vdc
Max. operating voltage	Ucpv	530 Vdc	680 Vdc	840 Vdc	1060 Vdc
Protection Modes		MC	MC	MC/MD	MC/MC
Nominal discharge current 8/20µs	In	20 kA	20 kA	20 kA	20 kA
Max. discharge current 8/20µs	Imax	40 kA	40 kA	40 kA	40 kA
Protection level	Up	1,8 kV	2,5 kV	3 kV	3,6 kV
Remote controlled version		DS50PVS-500	DS50PVS-600	DS50PVS-800	DS50PVS-1000

desconectables para redes fotovoltaicas

DS50PV-.../G

References		DS50PV-500/G	DS50PV-800/G	DS50PV-1000/G
Max. PV voltage	Uocstc	500 Vdc	800 Vdc	1000 Vdc
Max. operating voltage	Ucpv	530 Vdc	840 Vdc	1060 Vdc
Protection Modes		MC/MD	MC/MD	MC/MC
Nominal discharge current 8/20μs	In	20 kA	20 kA	20 kA
Max. discharge current 8/20μs	Imax	40 kA	40 kA	40 kA
Protection level	Up	1,8 kV	3 kV	3,6 kV
Remote controlled version		DS50PVS-500/G	DS50PVS-800/G	DS50PVS-1000/G

Protección contra sobretensiones Tipo 2 con módulos desconectables para redes fotovoltaicas, sin fugas de corriente

Cuando la instalación está equipada con pararrayos, se recomienda usar protectores contra sobretensiones diseñados específicamente para disipar una parte del impacto directo de los rayos. Para esos casos, CITEL ha desarrollado los protectores contra sobretensiones de la serie DS60PV Tipo 1, que pueden tomar 12.5 kA por polo para una onda de 10 / 350μs.

DS60PV

Protección   contra   sobretensiones   Tipo   1   para

References		DS60PV-500	DS60PV-1000
Max. PV voltage	Uocstc	500 Vdc	1000 Vdc
Max. operating voltage	Ucpv	550 Vdc	1100 Vdc
Protection Modes		MC	MC
Nominal discharge current 8/20µs	In	40 kA	40 kA
Lightning current 10/350µs	Iimp	12,5 kA	12,5 kA
Protection level	Up	1,7 kV	2,4 kV
Remote controlled version		DS60PVS-500	DS60PVS-1000

suministro de energía fotovoltaica

9.4   Paneles   de   protección   contra sobretensiones   para   instalaciones fotovoltaicas.

De acuerdo con la guía UTE C15-712, CITEL propone una gama completa de soluciones integradas de paneles que incluyen protectores de sobretensión, protección contra sobrecorriente, disyuntor diferencial, conmutación y conexión. Esos paneles están diseñados para ser instalados en el acceso de CA y FV del inversor fotovoltaico. Numerosas configuraciones están disponibles.

Principales características

- Paneles para lado AC y DC de los inversores fotovoltaicos.

- Cumple con la guía UTE C15-712.

- Paneles de alta resistencia para su uso en todas las condiciones.

- Fácil instalación y acceso para un mejor mantenimiento.

- Cubierta transparente para una rápida inspección.

- Conmutación.

- Tensión fotovoltaica hasta 1000Vdc.

- Protección de fusible (paneles> 3 cuerdas).

- Versión específica bajo demanda.

- Desconexión de la palanca del interruptor con candado..

Pi, D. (2018). Does an AC adapter act as a surge protector?. Retrieved from http://forum.notebookreview.com/threads/does-an-ac-adapter-act-as-a-surge-protector.163632/

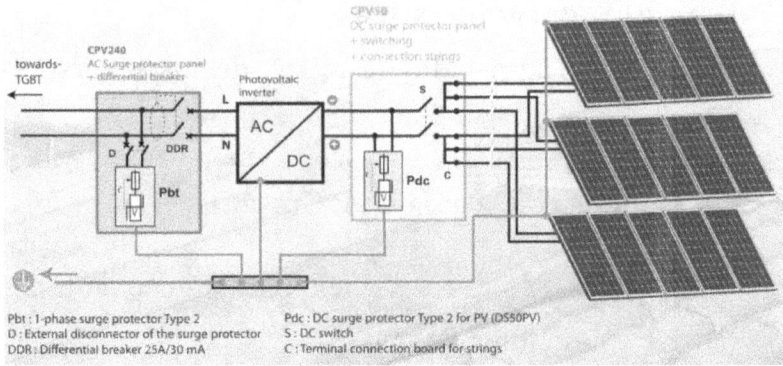

Principio de protección por panel según lo definido por UTE C15-712

9.5 Panel de protección contra sobretensiones para inversor fotovoltaico - lado CA

CPV240

Panel de protección contra sobretensiones de CA para inversor fotovoltaico monofásico

Los paneles de protección contra sobretensiones CPV240 están diseñados para proteger contra la sobretensión causada por un rayo, el lado de baja tensión del inversor fotovoltaico conectado a la red de baja tensión. Integran las siguientes funciones:

• Protección contra sobretensión (protector contra sobretensiones CITEL DS240) que cumple con la norma NF EN 61643-11

• Línea y diferencial diferencial.

• Conexión a la red

Los paneles CPV240 están disponibles para redes monofásicas de 230 V y varias corrientes de línea y cumplen con el requisito de la Guía UTE C15-712 sobre las instalaciones fotovoltaicas conectadas a redes de baja tensión.

Electrical diagram

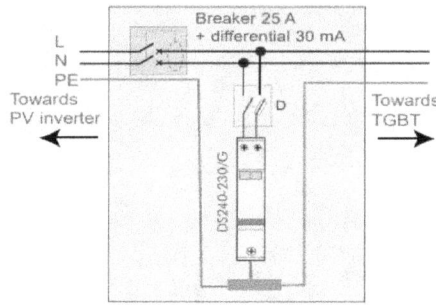

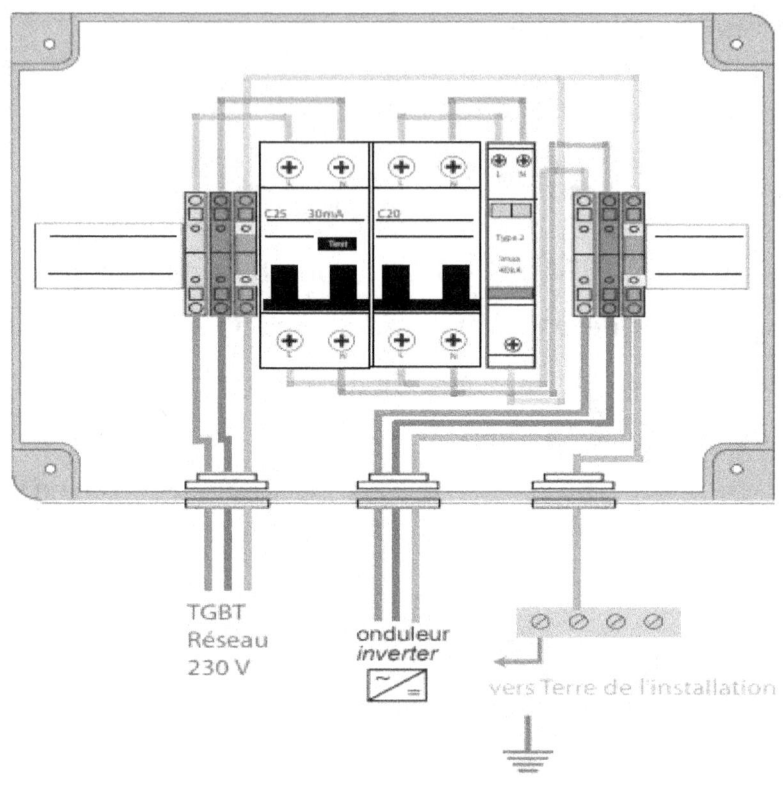

TGBT
Réseau
230 V

onduleur
inverter

vers Terre de l'installation

Type 2 SPD		DS240-230/G
Max. operating voltage	Uc	255 Vac
Nominal discharge current	In	20 kA
Maximum discharge current	Imax	40 kA
Protection level	Up	1.5/1.25 kV
Mechanical characteristics		
Protection class		IP55
Dimensions (H x L x P) mm		198 x 255 x 108
Housing material		Polycarbonate UL 94 V0
Switchgear access		Transparent door
Cable path		by cable gland

Characteristics

		CPV240-230-xx-DDR
Network	Un	230 V single phase
Max. current (xx)		16 - 20 - 25 - 32 A
Connection to network (Max. cable cross-section)		4 mm^2 max
Safety		DS240-230/G
Thermal disconnector		inside the surge protector
Disconnection indicator		indicator on the surge protector
Overvoltage protection		by circuit-breaker in the surge protector branch
Overcurrent protection		by line circuit-breaker (16 to 32 A rating)
Protection against indirect contact		by diff. circuit breaker 30 mA

9.6 Panel de protección contra sobretensiones para

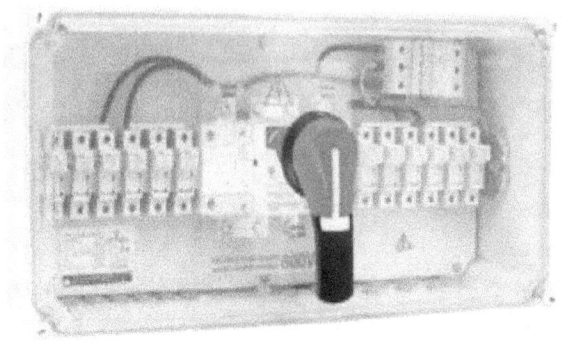

inversor fotovoltaico - lado DC

CPV50

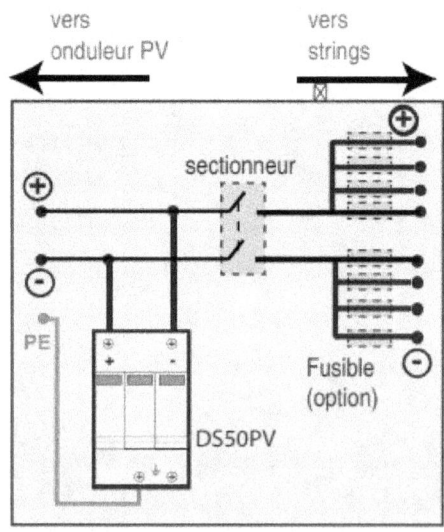

Los paneles de protección contra sobretensiones CPV50 están diseñados para proteger, contra las sobretensiones debidas a rayos, la parte de CC de los inversores fotovoltaicos. Integran las siguientes funciones.:

• Protección contra sobretensión (protector contra sobretensiones CITEL DS50PV) compatible con la norma NF EN 61643-11

• conmutación

• Línea fusible en cadena (paneles> 3 cuerdas)

• Conexión de las cuerdas.

Los paneles CPV50 están disponibles con la tensión Uocstc 500, 600 800 y 1000 Vcc y para varios cortocircuitos de corriente (Iscstc). Cumplen con los requisitos de la Guía UTE C15-712 sobre las instalaciones fotovoltaicas conectadas a la red de CA. Los paneles tienen un índice de protección y una resistencia a los impactos adaptados a las condiciones de uso. Versión específica disponible bajo demanda..

PV system connection to the electrical installation - Electrical Installation Guide. (2018). Retrieved from http://www.electrical-installation.org/enwiki/PV_system_connection_to_the_electrical_installation

GLOSARIO

A

Absorbentes: objetos de color oscuro que absorben el calor de los colectores solares térmicos.

Calentador solar activo: un sistema de calefacción solar o de agua que mueve el aire caliente o el agua mediante bombas o ventiladores.

AGM: Absorbed Glass Mat, un tipo más nuevo de construcción de batería que utiliza tapetes de vidrio absorbente saturado en lugar de gelificado o electrolito líquido. Algo más caro que inundado (líquido), pero ofrece una muy buena confiabilidad

Corriente alterna: corriente eléctrica en la que la dirección del flujo se invierte a intervalos frecuentes, generalmente 100 o 120 veces por segundo (50 o 60 ciclos por segundo o 50 // 60 Hz)

Semiconductor amorfo: un material semiconductor no cristalino, más fácil y barato de fabricar que el cristalino, pero menos eficiente y que se degrada lentamente con el tiempo. También llamada película delgada

Ampere (A) o amp - La unidad para la corriente eléctrica; el flujo de electrones Un amplificador es 1 coulomb que pasa en un segundo. Un amp es producido por una fuerza eléctrica de 1 voltio que actúa sobre una resistencia de 1 ohmio.

Amperio-hora (AH): cantidad de electricidad o medida de carga Cuántos amperios fluyen o pueden proporcionarse durante un período de una hora. La mayoría de las baterías están clasificadas en AH.

Ángulo de incidencia: ángulo entre la normal a la superficie y la dirección de la radiación incidente; Se aplica al plano de apertura de un colector solar. La mayoría de los paneles solares modernos tienen solo reducciones menores en la potencia de salida dentro de más / menos 15 grados. La pérdida es una función del coseno, por lo que en un ángulo de 45 grados, la salida se reduce en aproximadamente un 30%.

Recubrimiento antirreflectante: un recubrimiento delgado de un material, que reduce la reflexión de la luz y aumenta la transmisión de luz, aplicado a la superficie de una célula fotovoltaica.

Formacion: cualquier número de módulos fotovoltaicos conectados entre sí para proporcionar una única salida eléctrica. Las matrices a menudo están diseñadas para producir cantidades significativas de electricidad.

Sistema autónomo: un sistema fotovoltaico autónomo que no tiene una fuente de generación de respaldo. Puede o no incluir baterías de almacenamiento. La mayoría de los sistemas de baterías están diseñados para un mínimo de "días de autonomía", lo que significa que las baterías pueden suministrar suficiente energía sin Luz solar para cargar las pilas. Esto varía de 3 a 5 días en el cinturón solar, y de 5 a 10 días en otros lugares.

AWG: American Wire Gauge, un sistema estándar para designar el tamaño del cable eléctrico. Cuanto más alto es el número, más pequeño es el cable, la mayoría del cableado de la casa es # 12 o 14. En la mayoría de los demás países, el cable se especifica por el tamaño en milímetros.

Azimut: ángulo entre la dirección norte y la proyección de la superficie normal en el plano horizontal; medido en sentido horario desde el norte. Cuando se aplica a la matriz FV, el acimut de 180 grados significa que la matriz está orientada hacia el sur.

B

Balance del sistema (BOS): representa todos los componentes y costos, excepto los módulos fotovoltaicos. Incluye costos de diseño, terreno, preparación del sitio, instalación del sistema, estructuras de soporte, acondicionamiento de energía, costos de operación y mantenimiento, baterías, almacenamiento indirecto y costos relacionados.

Valor de rendimiento de referencia: valores iniciales de Isc, Voc, Pmp e Imp, medidos por el laboratorio acreditado y corregidos a las Condiciones de prueba estándar, utilizados para validar las mediciones de rendimiento del fabricante provistas con los módulos de calificación según IEEE 1262.

Diodo de bloqueo: un diodo utilizado para restringir o bloquear la corriente inversa que fluye hacia atrás a través de un módulo. [UL 1703] Alternativamente, un diodo conectado en serie a una cadena fotovoltaica; protege sus módulos de un flujo de energía inverso y, por lo tanto, contra el riesgo de destrucción térmica de las células solares.

Unidad térmica británica (BTU): la cantidad de energía térmica necesaria para elevar la temperatura de una libra de agua de 60 grados F a 61 grados F a una presión atmosférica.

Diodo de derivación: un diodo conectado a través de una o más células solares en un módulo fotovoltaico, de manera que el diodo se conducirá si las células se polarizan en sentido inverso. [UL 1703] Alternativamente, el anti-paralelo conectado a diodo a través de una parte de las células solares de un módulo fotovoltaico, protege a estas células solares de la destrucción térmica en caso de sombreado total o parcial, células rotas o fallas de la cadena de células de energía solar individual. células mientras que otras células están expuestas a plena luz.

C

Protección catódica: un método para prevenir la oxidación (oxidación) de estructuras metálicas expuestas, como puentes y tuberías, al imponer entre la estructura y el suelo un pequeño voltaje eléctrico que se opone al flujo de electrones y es mayor que el voltaje presente durante la oxidación.

Celda - La unidad básica de un panel fotovoltaico o batería.

Barrera celular: una región muy delgada de carga eléctrica estática a lo largo de la interfaz de las capas positiva y negativa en una célula fotovoltaica, la barrera inhibe el movimiento de los electrones de una capa a la otra, por lo que los electrones de mayor energía de un lado se difunden. preferentemente a través de él en una dirección, creando una corriente y, por lo tanto, un voltaje a través de la celda. También se llama zona de agotamiento, unión de celdas o carga espacial.

Unión celular: el área de contacto inmediato entre dos capas (positiva y negativa) de una célula fotovoltaica, la unión se encuentra en el centro de la barrera celular o la zona de agotamiento.

Controlador de carga: un dispositivo electrónico que regula el voltaje aplicado al sistema de la batería desde el conjunto fotovoltaico. Esencial para garantizar que las baterías obtengan el máximo estado de carga y la vida útil más larga.

Colector combinado: un dispositivo o módulo fotovoltaico que proporciona energía térmica útil además de electricidad

Concentrador: un módulo fotovoltaico que utiliza elementos ópticos para aumentar la cantidad de luz solar que incide en una celda fotovoltaica. Las matrices de concentración deben seguir al sol y usar solo la luz solar directa, ya que la parte difusa no puede enfocarse en las células fotovoltaicas. La eficiencia aumenta, pero la vida útil generalmente disminuye debido al alto calor.

Concentrador (módulo, matriz o colector): una disposición de células fotovoltaicas que incluye una lente para concentrar la luz solar en células de áreas pequeñas, los concentradores pueden aumentar el flujo de energía de la luz solar cientos de veces.

Eficiencia de conversión (celda o módulo): la relación entre la energía eléctrica producida por un dispositivo fotovoltaico (en condiciones de un solo sol) y la energía de la luz solar que incide sobre la celda.

Corriente a potencia máxima (Imp): la corriente a la cual se obtiene la potencia máxima de un módulo [UL 1703]

Vida útil del ciclo: número de ciclos de carga y descarga que una batería puede tolerar en condiciones específicas antes de que no cumpla con los criterios especificados en cuanto al rendimiento (por ejemplo, la capacidad disminuye a 80 por ciento de la capacidad nominal).

D

Convertidor de CC a CC: el circuito electrónico para convertir voltajes de CC (p. Ej., Voltaje del módulo fotovoltaico) a otros niveles (p. Ej., Voltaje de carga), puede ser parte de un rastreador de punto de máxima potencia (MPPT).

Descarga profunda: descargando una batería al 20% o menos de su carga completa

Insolación difusa: la luz solar se recibe indirectamente como resultado de la dispersión debida a nubes, niebla, neblina, polvo u otras obstrucciones en la atmósfera. Opuesto a la insolación directa.

Corriente directa (CC): corriente eléctrica en la que los electrones fluyen en una sola dirección, opuesta a la corriente alterna.

Insolación directa: la luz del sol cae directamente sobre un colector Frente a la insolación difusa

Velocidad de descarga: la velocidad, generalmente expresada en amperios o tiempo, a la que se toma la corriente eléctrica de la batería.

Sistemas distribuidos: se instalan en o cerca de la ubicación donde se usa la electricidad, a diferencia de los sistemas centrales que suministran electricidad a las redes. Un sistema fotovoltaico residencial es un sistema distribuido.

DOD: 'Profundidad de descarga', del estado de carga del 100 por ciento (SOC), en una batería o sistema de baterías.

E

Circuito eléctrico: ruta seguida de electrones desde una fuente de energía (generador o batería) a través de una línea externa (incluidos los dispositivos que usan la electricidad) y regresa a través de otra línea a la fuente.

Corriente eléctrica - Un flujo de electrones; electricidad, amperios

Red eléctrica: un sistema integrado de distribución de electricidad, que generalmente cubre un área grande Como en "fuera de la red"

Electrolito - Un conductor líquido de la electricidad. En las baterías, generalmente H_2SO_4, ácido sulfúrico, pero puede haber muchas cosas. El agua de mar es el electrolito más común en el mundo, y al suspender el zinc y una lámina de acero, se puede obtener un poco de electricidad.

Energía - La capacidad de hacer trabajo. La energía almacenada se convierte en energía de trabajo cuando la usamos.

Densidad de energía: la relación de energía disponible de una batería a su relación de "vatios a peso" en volumen (Wh / 1) o masa (Wh / kg)

Tiempo de recuperación de energía: el tiempo requerido para que cualquier sistema o dispositivo de producción de energía produzca tanta energía como se requería en su fabricación. Para paneles eléctricos solares, esto es alrededor de 16-20 meses.

AVE - (ACETATO DE VINILO DE ETILENO) anencapsulado utilizado entre la cubierta de vidrio y las células solares en los módulos fotovoltaicos. Es duradero, transparente, resistente a la corrosión y ignífugo.

F

PV de placa plana: se refiere a un conjunto o módulo de PV que consta de elementos no concentradores. Los arreglos y módulos de placa plana utilizan luz solar directa y difusa, pero si la matriz está fija en su posición, parte de la luz solar directa se pierde debido a los ángulos oblicuos del sol en relación con la matriz.

Carga de flotación: la carga de flotación es el voltaje requerido para contrarrestar la autodescarga de la batería a una temperatura determinada.

Vida útil del flotador: la cantidad de años que una batería puede mantener su capacidad establecida cuando se mantiene con la carga del flotador (ver carga del flotador).

Celda de combustible: un dispositivo que convierte la energía de un combustible directamente en electricidad y calor, sin combustión. Debido a que no hay combustión, las celdas de combustible emiten pocas emisiones; Debido a que no hay partes móviles, las celdas de combustible son silenciosas.

G

Batería de tipo gel: batería de plomo-ácido en la que el electrolito está compuesto por una matriz de gel de sílice.

Conectado a la red (sistema fotovoltaico): sistema fotovoltaico en el que el generador fotovoltaico actúa como una planta de generación central, que suministra energía a la red.

Bucle a tierra: una condición de retroalimentación no deseada causada por dos o más circuitos que comparten una línea eléctrica común, generalmente un conductor a tierra.

H

Punto caliente: un fenómeno no deseado del funcionamiento del dispositivo fotovoltaico por el cual una o más celdas dentro de un módulo o matriz PV actúan como una carga resistiva, lo que resulta en un sobrecalentamiento o fusión local de la (s) celda (s)

Sistema híbrido: un sistema fotovoltaico que incluye otras fuentes de generación de electricidad, como generadores eólicos o de combustibles fósiles.

I

Luz incidente: brilla en la cara de una célula o módulo solar

Insolación - Luz del sol, directa o difusa; De 'radiación solar incidente'. No debe confundirse con 'aislamiento'. Igual a aproximadamente 1000 vatios por metro cuadrado al mediodía en Dodge City

Interconexión: un conductor dentro de un módulo u otro medio de conexión que proporciona una interconexión eléctrica entre las células solares. [UL 1703]

Inversores: dispositivos que convierten la electricidad de CC en electricidad de CA (monofásica o multifásica), ya sea para sistemas independientes (no conectados a la red) o para sistemas interactivos de servicios públicos.

Curva IV: una presentación gráfica de la corriente frente al voltaje de un dispositivo fotovoltaico a medida que la carga aumenta desde la condición de cortocircuito (sin carga) a la condición de circuito abierto (voltaje máximo). La forma de la curva caracterizó el desempeño celular.

Datos IV: la relación entre la corriente y la tensión de un dispositivo fotovoltaico en el cuadrante productor de energía, como un conjunto de pares ordenados de lecturas de corriente y tensión en una tabla, o como una curva trazada en un sistema de coordenadas adecuado (es decir, cartesiano). [ASTM E 1036]

J

Caja de conexiones: la caja de conexiones de un generador fotovoltaico es una caja en el módulo donde las cadenas fotovoltaicas están conectadas eléctricamente y donde se pueden ubicar los dispositivos de protección, si es necesario.

Diodo de unión: un dispositivo semiconductor con una unión y un potencial incorporado que pasa la corriente mejor en una dirección que en la otra, todas las células solares son diodos de unión

K

Kilovatio (kW) - 1000 vatios

Kilovatio-hora (kWh): mil vatios que actúan durante un período de 1 hora, el kWh es una unidad de energía. 1 kWh = 3600 kJ.

L

Defectos inducidos por la luz, como enlaces colgantes, inducidos en un semiconductor de silicio amorfo en la exposición inicial a la luz.

Trampa de luz: la captura de luz dentro de un material semiconductor mediante la refracción y el reflejo de la luz en ángulos críticos; la luz atrapada viajará más lejos en el material, lo que aumentará en gran medida la probabilidad de absorción y, por lo tanto, de producir portadores de carga.

Inversor conmutado por línea: un inversor que está conectado a una red o línea eléctrica, la conmutación de energía (conversión de dc a ac) está controlada por la línea eléctrica, de modo que, si hay una falla en la red eléctrica, el El sistema fotovoltaico no puede alimentar energía a la línea.

Carga: cualquier cosa en un circuito eléctrico que, cuando se enciende, extrae energía de ese circuito.

METROPunto de máxima potencia (MPP): el punto en la curva de corriente-voltaje (IV) de un módulo bajo iluminación, donde el producto de la corriente y el voltaje es máximo, [UL 1703] Para un panel de celdas de silicio típico, esto es aproximadamente 17 Voltios para una configuración de 36 celdas.

Rastreador de punto de potencia máxima (MPPT): una unidad de acondicionamiento de energía que opera automáticamente el generador fotovoltaico en su punto de potencia máxima en todas las condiciones, un MPPT generalmente incrementará la potencia entregada al sistema en un 10% a 40%, dependiendo de las condiciones climáticas y estado de carga de la batería. Por lo general, obtiene más ganancia en invierno y en climas más fríos debido a la mayor salida del panel. La mayoría de los controladores MPPT son convertidores caídos, de un voltaje más alto a uno más bajo.

Microgroove: un pequeño surco trazado en la superficie de una celda que está llena de metal para los contactos.

Módulo: una cantidad de celdas fotovoltaicas conectadas entre sí, selladas con un encapsulado y que tienen un tamaño estándar y una potencia de salida; el bloque de construcción más pequeño de la parte de generación de energía de un generador fotovoltaico, también llamado panel.

Monolítico - Fabricado como una sola estructura.

Multicristalino: material que se solidifica a una velocidad tal que se forman muchos pequeños cristales (cristalitos). Los átomos dentro de un único cristalito están dispuestos simétricamente, mientras que los cristalitos se mezclan. Estos numerosos límites de grano reducen la eficiencia del dispositivo. Un material compuesto de pequeños cristales, orientados de diversas maneras. (A veces referido como policristalino o semi cristalino)

Dispositivo de unión múltiple: un dispositivo fotovoltaico que contiene dos o más uniones celulares, cada una de las cuales está optimizada para una parte particular del espectro solar, para lograr una mayor eficiencia general

N

Semiconductor tipo N: un semiconductor producido por dopaje de un semiconductor intrínseco con una impureza donadora de electrones (por ejemplo, fósforo en silicio).

NOCT: temperatura nominal de la celda de operación, la temperatura de la celda solar en un entorno de referencia definido como irradiación de 800 W / m2, temperatura del aire ambiente de 20 ° C y velocidad del viento de 1 m / s con la celda o el módulo en un estado de circuito eléctricamente abierto.

O

Ohm - La unidad de resistencia al flujo de una corriente eléctrica.

Seguimiento de un eje: un sistema capaz de girar alrededor de un eje, generalmente siguiendo el sol de este a oeste

Tensión de circuito abierto (Voc): la tensión máxima posible en una célula o módulo fotovoltaico; el voltaje a través de la celda a la luz del sol cuando no fluye corriente

P

Conexión en paralelo: una forma de unir dos o más dispositivos que producen electricidad (es decir, celdas o módulos fotovoltaicos) mediante la conexión de cables positivos entre sí y cables negativos entre sí; Tal configuración aumenta la corriente.

Hogar solar pasivo: una casa que utiliza una habitación u otra parte del edificio como un colector solar, a diferencia de la energía solar activa, como PV

Carga máxima; demanda máxima: la carga máxima o el uso de energía eléctrica que se produce en un período de tiempo determinado, generalmente un día

Vatios máximos (Wp): consulte 'Vatios pico fotovoltaicos

Fotón: una partícula de luz que actúa como una unidad individual de energía.

Fotovoltaico (PV): relacionado con la conversión directa de la luz en electricidad.

Conjunto fotovoltaico (FV): un sistema interconectado de módulos FV que funcionan como una sola unidad productora de electricidad, los módulos se ensamblan como una estructura discreta, con soporte o montaje común. En sistemas más pequeños, una matriz puede consistir en un solo módulo.

Célula fotovoltaica (FV): el elemento semiconductor más pequeño dentro de un módulo FV para realizar la conversión inmediata de la luz en energía eléctrica (voltaje de CC y corriente)

Eficacia de conversión fotovoltaica (PV): la relación entre la energía eléctrica producida por un dispositivo fotovoltaico y la energía de la luz solar que incide en el dispositivo.

Eficacia fotovoltaica (FV): la relación entre la energía eléctrica producida por una celda en cualquier momento y la energía de la luz solar que incide sobre la celda, generalmente es aproximadamente del 9% al 14% para celdas disponibles comercialmente.

Generador fotovoltaico (FV): el total de todas las cadenas fotovoltaicas de los sistemas de suministro de energía fotovoltaica, que están interconectados eléctricamente.

Módulo fotovoltaico (FV): el conjunto de células solares y partes auxiliares esencialmente más pequeño y protegido del medio ambiente, como las interconexiones, terminales y dispositivos de protección como los diodos, diseñados para generar energía de CC bajo la luz solar no concentrada. El miembro estructural (portador de carga) de un módulo puede ser la capa superior (superstrate) o la capa posterior (sustrato). [UL 1703]

Panel fotovoltaico (FV): a menudo se usa indistintamente con el módulo FV (especialmente en sistemas de un módulo), pero se usa con mayor precisión para referirse a una colección de módulos físicamente conectados (es decir, una serie de módulos laminados utilizados para lograr el voltaje requerido y corriente).

Vatio pico fotovoltaico (PV): salida máxima "nominal" de una celda, módulo o sistema. Las condiciones de calificación típicas son 0.645 vatios por pulgada cuadrada (1000 vatios por metro cuadrado) de luz solar, 68 grados F (20 grados C) de temperatura ambiente y 6.2 x 10-3 mi / s (1 m / s) de velocidad del viento.

Sistema fotovoltaico (PV): un conjunto completo de componentes para convertir la luz solar en electricidad mediante el proceso fotovoltaico, incluido el conjunto y el equilibrio de los componentes del sistema.

Sistema fotovoltaico-térmico (PV / T): un sistema fotovoltaico que, además de convertir la luz solar en electricidad, recolecta la energía térmica residual y entrega calor y electricidad en forma utilizable, también llamado sistema de energía total.

Policristalino - Ver 'Multi-cristalino'.

Equipo de acondicionamiento de energía: equipo eléctrico o electrónica de potencia, que se utiliza para convertir la energía de un conjunto fotovoltaico en una forma adecuada para su uso posterior. Un término colectivo para inversor, convertidor, regulador de carga de la batería y diodo de bloqueo

Factor de potencia: la relación entre la potencia promedio y los voltios-amperios aparentes, afectados por la inductancia y la capacitancia de la carga, una resistencia pura, como un calentador eléctrico, tendría un factor de potencia de 1.00.

Modulación de ancho de pulso (PWM): una función de muchos de los controladores de carga y cargadores de batería más nuevos que, en lugar de aplicar un voltaje de CC constante a la batería, envía pulsos cortos, el ancho de los pulsos varía según el estado de carga de la batería.

PV - Abreviatura de fotovoltaica (s).

Pirómetro - Un instrumento para medir la irradiancia solar hemisférica total en una superficie plana, o irradiancia "global"; Los sensores de termopila se han identificado generalmente como piranómetros, sin embargo, los sensores de silicona también se conocen como piranómetros.

Q

Prueba de calificación (PV): un procedimiento aplicado a un conjunto seleccionado de módulos fotovoltaicos que involucra la aplicación de estrés eléctrico, mecánico o térmico definido en una forma y cantidad prescritas. Los resultados de las pruebas están sujetos a una lista de requisitos definidos.

R

Rectificador: un dispositivo que convierte CA en CC, como en un cargador o convertidor de batería. Ver inversor y diodo.

Sistemas remotos-- fuera de la red de servicios públicos, fuera en los bloques

Caída de tensión resistiva: la tensión desarrollada a través de una celda por el flujo de corriente a través de la resistencia de la celda.

Sesgo inverso: condición en la que la capacidad de producción actual de una célula fotovoltaica es significativamente menor que la de otras células en su serie. Esto puede ocurrir cuando una celda está sombreada, rajada o degradada o cuando está eléctricamente mal emparejada con otras celdas en su cadena.

S

Barrera Schottky: una barrera celular establecida como la interfaz entre un semiconductor, como el silicio y una lámina de metal.

Diodo Schottky: un diodo especial con una caída de voltaje muy baja, generalmente en el rango de .15 a .25 voltios, que a menudo se usa como diodos de bloqueo en paneles solares y matrices para minimizar la pérdida de energía, un diodo de silicio normal cae al menos .7 voltios.

Autodescarga: la velocidad a la que una batería, sin carga, perderá su carga. Esto puede variar considerablemente dependiendo del tipo de batería y la edad. Puede ser tan bajo como 3% al mes para una nueva batería AGM, y tan alto como 10% a la semana para una batería más antigua de plomo-antimonio (industrial).

Semiconductor: cualquier material que tenga una capacidad limitada para conducir una corriente eléctrica. Generalmente cae entre un metal y un aislante en conductividad. Ciertos semiconductores, como el silicio, el arseniuro de galio, el diselenuro de cobre y indio y el telururo de cadmio, se adaptan de forma única al proceso de conversión fotovoltaica.

Semicristalino - Ver 'Multi-cristalino'.

Conexión en serie: una forma de unir células o baterías fotovoltaicas mediante la conexión de conductores positivos a conductores negativos; Tal configuración aumenta la tensión.

Regulador de la serie: tipo de regulador de carga de la batería donde la corriente de carga se controla mediante un interruptor, transistor o FET conectado en serie con el módulo o matriz fotovoltaica. A diferencia de un regulador de derivación, esto corta gradualmente la salida del panel a medida que la batería se carga.

Resistencia en serie: resistencia parasitaria al flujo de corriente en una celda debido a mecanismos como la resistencia de la mayor parte del material semiconductor, contactos metálicos e interconexiones

Período de validez de las baterías: el período de tiempo, en condiciones específicas, en que una batería puede almacenarse para que mantenga su capacidad garantizada.

Corriente de cortocircuito (Isc): la corriente que fluye libremente desde una celda fotovoltaica a través de un circuito externo que no tiene carga ni resistencia. La máxima corriente posible.

Regulador de derivación: tipo de regulador de carga de batería donde la corriente de carga se controla mediante un interruptor o transistor conectado en paralelo con el panel fotovoltaico. La sobrecarga de la batería se evita cortocircuitando la salida fotovoltaica. Los reguladores de derivación son comunes en los sistemas fotovoltaicos, ya que son relativamente económicos de construir y simples de diseñar. Los reguladores en serie suelen tener mejores características de control y carga. La mayoría de los nuevos controladores han pasado a la serie de regulación.

Silicio (Si): un elemento químico, número atómico 14, de naturaleza semimetálica, gris oscuro, un excelente material semiconductor. Un componente común de la arena y el cuarzo (como el óxido), se cristaliza en una red cúbica centrada en la cara como un diamante, el material semiconductor más común utilizado en la fabricación de dispositivos fotovoltaicos.

Inversor de onda sinusoidal: un inversor que produce formas de energía de onda sinusoidal de calidad de utilidad.

Material de un solo cristal: un material que está compuesto por un solo cristal o unos pocos cristales grandes

Celda solar - Ver 'Celda fotovoltaica

Solarconstante - La fuerza de la luz solar; 1353 vatios por metro cuadrado en el espacio y aproximadamente 1000 vatios por metro cuadrado a nivel del mar en el ecuador al mediodía solar. Aumenta a mayores altitudes.

Energía solar: del sol, el calor que se acumula en su automóvil cuando está estacionado al sol es un ejemplo de energía solar.

Silicio de grado solar: silicio de grado intermedio utilizado en la fabricación de células solares. Menos costoso que el silicio de grado electrónico

Mediodía solar: ese momento del día que divide las horas de luz de ese día exactamente a la mitad. Para determinar el mediodía solar, calcule la duración del día desde el atardecer y el amanecer y divídalo entre dos. El mediodía solar puede ser un poco diferente del mediodía del "reloj".

Espectro solar: la distribución total de la radiación electromagnética que emana del sol.

Energía solar térmica: método para producir electricidad a partir de energía solar mediante el uso de luz solar concentrada para calentar un fluido de trabajo, que a su vez impulsa un turbogenerador.

Célula de espectro dividido: un dispositivo fotovoltaico compuesto en el que la luz solar se divide primero en regiones espectrales por medios ópticos. Luego, cada región se dirige a una célula fotovoltaica diferente optimizada para convertir esa parte del espectro en electricidad. Dicho dispositivo logra una conversión general significativamente mayor de la luz solar incidente en electricidad. Consulte 'Dispositivo de unión múltiple'.

Inversor de onda cuadrada: el inversor consta de una fuente de CC, cuatro interruptores y la carga. Los interruptores son semiconductores de potencia que pueden transportar una gran corriente y soportar una clasificación de alto voltaje. Los interruptores se activan y desactivan en una secuencia correcta, en una frecuencia determinada. El inversor de onda cuadrada es el más simple y menos costoso de comprar, pero produce la menor calidad de energía.

Autónomo (sistema fotovoltaico): un sistema fotovoltaico autónomo o híbrido no conectado a una red. Puede o no tener almacenamiento, pero la mayoría de los sistemas independientes requieren baterías o alguna otra forma de almacenamiento.

Montaje de soporte: técnica para montar un generador fotovoltaico en un techo inclinado, que consiste en montar los módulos a una corta distancia sobre el techo inclinado e inclinarlos al ángulo óptimo.

Condiciones de prueba estándar (STC): condiciones bajo las cuales un módulo se prueba normalmente en un laboratorio: (1) Intensidad de irradiación de 1000 W / metro cuadrado (0.645 vatios por pulgada cuadrada), espectro de referencia solar AM1.5 y (3) una temperatura de celda (módulo) de 25 grados C, más o menos 2 grados C (77 grados F, más o menos 3.6 grados F). [IEC 1215]

Estado de carga (SOC): la capacidad disponible restante en la batería, expresada como un porcentaje de la capacidad nominal.

Sustrato: el material físico sobre el que se fabrica una célula fotovoltaica.

Sulfatación: una condición que afecta a las baterías descargadas y sin usar; Grandes cristales de sulfato de plomo crecen en la placa, en lugar de los diminutos cristales habituales, lo que hace que la batería sea extremadamente difícil de recargar.

Superstrate: la cubierta en el lado solar de un módulo fotovoltaico, que proporciona protección para los materiales fotovoltaicos contra impactos y la degradación ambiental al tiempo que permite la transmisión máxima de las longitudes de onda apropiadas del espectro solar.

T

Energía térmica térmica: energía derivada de la energía térmica, generalmente calentando un fluido de trabajo, que acciona un turbogenerador. Consulte 'energía solar térmica'.

Dispositivo termo-fotovoltaico (TPV): un dispositivo que convierte la radiación térmica secundaria, reemitida por un absorbedor o fuente de calor, en electricidad; El dispositivo está diseñado para una máxima eficiencia en la longitud de onda de la radiación secundaria.

Materiales cristalinos gruesos: material semiconductor, que normalmente mide entre 200 y

400 micrones de espesor que se corta de lingotes o cintas.

Película delgada: una capa de material semiconductor, como el diselenuro de indio y cobre, el teluro de cadmio, el arseniuro de galio o el silicio amorfo, de unos pocos micrones o menos de espesor, que se utiliza para fabricar células fotovoltaicas. Comúnmente llamado amorfo

Reflexión interna total: el atrapamiento de la luz por refracción y reflexión en ángulos críticos dentro de un dispositivo semiconductor para que no pueda escapar del dispositivo y eventualmente debe ser absorbido por el semiconductor

Matriz de seguimiento: la matriz fotovoltaica que sigue la trayectoria del sol para maximizar la radiación solar incidente en la superficie fotovoltaica, las dos orientaciones más comunes son (1) un eje donde la matriz sigue al sol de este a oeste y (2) dos Seguimiento del eje donde la matriz apunta directamente al sol en todo momento. Las matrices de seguimiento utilizan la luz solar directa y difusa. Las matrices de seguimiento de dos ejes capturan la máxima energía diaria posible. Por lo general, un rastreador de un solo eje le dará un 15% a 25% más de potencia por día, y el seguimiento de dos ejes agregará aproximadamente un 5% a eso. Depende algo de la latitud y la estación.

Transformador: aumenta el voltaje de CA hacia arriba o hacia abajo, según la aplicación.

Carga por goteo: una carga a una tasa baja, que se equilibra a través de las pérdidas de autodescarga, para mantener una celda o batería en una condición completamente cargada

Seguimiento de dos ejes: un sistema capaz de girar independientemente sobre dos ejes (p. Ej., Vertical y horizontal) y seguir al sol para obtener la máxima eficiencia de la matriz solar

U

Inversor de utilidad interactiva: un inversor que puede funcionar solo cuando está conectado a la red pública de servicios públicos, y utiliza la frecuencia de voltaje de línea prevaleciente en la línea de servicios públicos como parámetro de control para garantizar que la salida del sistema fotovoltaico esté completamente sincronizada con la energía de la red pública.

V

VAC - Voltios AC

VDC - Voltios DC

Vmp - Tensión a la máxima potencia

Voc - Tensión en circuito abierto

Volt (V): una unidad de medida de la fuerza, o 'empuje', dados los electrones en un circuito eléctrico. Un voltio produce un amperio de corriente cuando actúa con una resistencia de un ohmio.

Voltaje a potencia máxima (Vmp): el voltaje a la cual se obtiene la potencia máxima de un módulo [UL 1703]

W

Oblea: una lámina delgada de material semiconductor fabricada por sierras mecánicas a partir de un lingote de cristal único o multicristal o fundición.

Vatio (W): la unidad de potencia eléctrica o la cantidad de trabajo (J) realizada en una unidad de tiempo. Un amperio de corriente que fluye a un potencial de un voltio produce un vatio de potencia.

Vatio-hora (Wh) - Ver 'Kilovatios-hora

Forma de onda: la forma de la curva que representa gráficamente el cambio en el voltaje de la señal de CA y la amplitud de la corriente, con respecto al tiempo.

INDEX

B

C

354

R

REFERENCIAS

- *(PDF) An Overview of Factors Affecting the Performance of Solar PV Systems*. Available from: [accessed Dec 06 2018].

  https://www.researchgate.net/publication/319
  165448_An_Overview_of_Factors

- A new Analog MPPT Technique: TEODI - N. Femia, G. Petrone, G. Spagnuolo, M. Vitelli
- Solar Power (Book) - T Harko
- Harnessing Solar Power (Book) - K Zweibel – 1990
- J. Jones, The Engineering Design Process, 2nd ed., John Wiley & Sons Inc., 1996, p. 229.
- J. Duffie and W. Beckman, Solar Engineering of Thermal Processes, 3rd ed., John Wiley & Sons Inc., 2006, p. 747.
- "How are solar panels made?," Solarpanelinfo.com, [Online]. Available: www.solarpanelinfo.com/solar-panels/how-are-solar-panels-made.php . [Accessed 30 October 2011].
- "Renewable Energy: Markets and Prospects by Technology," Interntional Energy Agency, [Online]. Available: www.iea.org/papers/2010/pv_roarmap.pdf. [Accessed 15 December 2011].
- J. Ah Kong, E. Lim, KK Lee, S. Lee, and S. Hyun Kim, "A benzothiadiazole-based oligothiophene for vacuum-deposited organic photovoltaic cells," Solar Energy Materials and

Solar Cells, vol. 94, no. 12, pp. 2057–2063, 2010.

- J. Sakai, T. Taima, and K. Saito, "Efficient oligothiophene:fullerene bulk heterojunction organic photovoltaic cells," Organic Electronics, vol. 9, no. 5, pp. 582–590, 2008.
- G. Yu, J. Gao, JC Hummelen, F. Wudl, and AJ Heeger, "Polymer photovoltaic cells: enhanced efficiencies via a network of internal donor-acceptor heterojunctions," Science, vol. 270, no. 5243, pp. 1789–1791, 1995.
- Y. Liang, Z. Xu, J. Xia et al., "For the bright future-bulk heterojunction polymer solar cells with power conversion efficiency of 7.4%," Advanced Materials, vol. 22, no. 20, pp. E135–E138, 2010.
- Electronic Materials: The Oligomer Approach, edited by K. Mullen and G. Wegner, Wiley-VCH, Weinheim, Germany, 1998.

- https://www.torexsemi.com/technical-support/application-note/design
- http://www.alternative

- http://www.altenergy.org/renewables/solar
- https://news.energysage.com/average-solar
- http://www.altenergy.org/renewables/solar
- http://www.altenergy.org/renewables/solar
- https://www.altestore.com/howto/sizing-mppt-charge-controllers-a61/
- https://www.altestore.com/howto/how-mppt-charge-controllers-work-a13/
- https://www.wikihow.com/Build-a-Solar
- https://waldenlabs.com/diy-off-grid

Affecting the Performance of Solar PV Systems -guide-for-dcdc-converter/whats-dcdc-converters/-energy-tutorials.com/solar-power/deep-cycle-batteries.html/DIY/solar-system-sizing.html-panel-size-weight//DIY/inverter-sizing.html/DIY/battery-bank-sizing.html-Panel-solar-system/

- **https://news.energysage.com/average-solar-panel-size-weight/**
- https://www.researchgate.net/publication/319165448_An_Overview_of_Factors_Affecting_the_Performance_of_Solar_PV_Systems
- http://www.chronos.co.uk/files/pdfs/cit/PhotoVoltaic_General_Catalog.pdf

www.ingramcontent.com/pod-product-compliance
Lightning Source LLC
Chambersburg PA
CBHW070320240526
45468CB00025B/1192